Eva Lind – Meine schönsten Hundegeschichten

AQUENSIS

Eva Lind

Meine schönsten Hundegeschichten

Unter Mitarbeit von
Dr. Christof Mannschreck

AQUENSIS

Liebe Leserin, lieber Leser,

Astor, Cindy, Elsa, Franzi, Fritzi, Jenny, Josie, Karl-Friedrich, Lohengrin, Lumpi, Lucy, Mimi, Otello, Sissi, Sophie, Susi, zwei Mal Tristan, Trixi, Wendy und Willi – sie alle haben mein Leben ungemein bereichert. Und das sind die Hunde, mit denen ich meine schönsten Hundegeschichten erlebt habe.

Die Vierbeiner sind, seit ich denken kann – was bei Blondinen ja nicht immer selbstverständlich ist – ein wichtiger Bestandteil meines Lebens. Mit bis zu acht Hunden gleichzeitig gehöre ich sowieso zu den Fortgeschrittenen unter den Hundeliebhabern. Besonders auf meinen Konzertreisen als Sopranistin habe ich mindestens eines der Prachtexemplare immer dabei. Über die Jahre habe ich viele lustige, kuriose, aber auch rührende Geschichten erlebt.

Natürlich spielen dabei auch Musik-Stars wie José Carreras, Riccardo Muti, Placido Domingo uvm. eine wichtige Rolle. Meine schönsten Hundegeschichten finden Sie in diesem Buch. Ich wünsche Ihnen viel Spaß beim Lesen!

Herzlichst,

Ihre

Inhalt

Wenn es keine Hunde gäbe,
wollte ich nicht leben.
Arthur Schopenhauer

Opernstar auf vier Pfoten

An den Opernbühnen dieser Welt müssen Hunde leider draußen bleiben. Meistens...

Anfang des neuen Jahrtausends habe ich meiner französischen Bulldogge Wendy eine Rolle an der Staatsoper Stuttgart verschafft.

In „Le Convenienze ed Inconvenienze Teatrali" (Viva La Mamma) von Donizetti hatte ich sie einfach ins Stück integriert und so lange den Star-Regisseur Martin Kušej – später übrigens Schauspieldirektor bei den Salzburger Festspielen – bearbeitet, bis er meinem Wunsch zustimmte.

Wendy hatte ihre erste tragende Rolle. Besser gesagt: ihre erste „ziehende" Rolle.

Ich kann mich an die Premiere noch wie heute erinnern: Ich sitze als Primadonna auf der Bühne und erwarte den Auftritt meines Ehemanns. Die Zuschauer blicken nach links - man sieht als erstes die kleine Wendy, wie sie begeistert zu mir zieht – dann erst „an der langen Leine" meinen Ehemann, der hinterherdackelt. Ein, wie man so schön sagt, Bild für Götter.

Wir Sänger sind plötzlich nur noch Staffage: Wendy bekommt begeisterten Szenenapplaus. Das hätte ich mir nie träumen lassen: das Publikum ist begeistert – mehr noch:

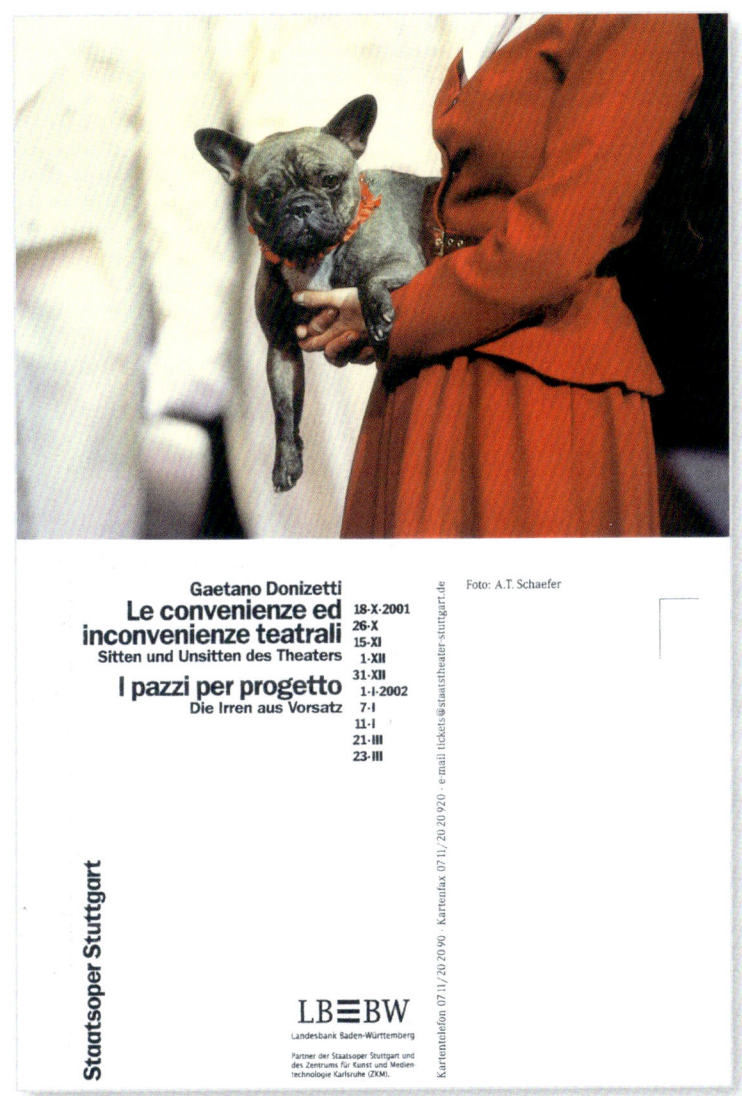

Postkarte der Staatsoper Stuttgart
mit Wendy als Star auf vier Pfoten.

Die Stuttgarter sind aus dem Opernhäuschen!

Der Hund der Primadonna war über Nacht die Sensation! Plötzlich war Wendy das Gesprächsthema Nummer eins und mir wurde nach und nach klar: „A Star was born" – in diesem Falle einer auf vier Pfoten.

Und das muss man sich vorstellen: mit nur einem Auftritt von wenigen Sekunden hatte Wendy die Herzen der Zuschauer erobert. Tja, wenn das als Sängerin auch immer so einfach wäre…

Selbst die manchmal bissigen Zeitungskritiker des Feuilleton waren alle gezähmt – überschlugen sich bei Wendy vor Lob. Fairerweise muss man sagen: auch wir Sänger kamen ziemlich gut dabei weg.

Wendy hatte es geschafft. Es war ihr Durchbruch: Auf der Postkarte der Staatsoper Stuttgart mit den Aufführungs-Terminen des Stückes wurde nur noch Wendy abgebildet – und ich durfte sie gerade noch auf dem Arm halten; selbstverständlich ohne dass man mein Gesicht sehen konnte.

Ich wurde schon langsam ein bisschen eifersüchtig – aber irgendwie war ich ja in Personalunion auch ihre Managerin und ließ mir deshalb natürlich nichts anmerken.

Jetzt galt es, den nächsten Schritt zu machen: nämlich Wendys Gage zu verhandeln. Denn schließlich ist die Staatsoper Stuttgart eines der bedeutendsten Opernhäuser Europas. Und wir hatten insgesamt zehn Aufführungen über ein halbes Jahr verteilt.

Was also sollte ich verlangen – für meinen „Opernstar auf vier Pfoten"?

Nach zähen Verhandlungen hatte ich dann eine Einigung erzielt – und das wohlgemerkt bei den sonst so sparsamen Schwaben:

Als Gage gab es für Wendy jeden Abend tatsächlich: sechs leckere Rostbratwürstel!

Wendy und ich genießen nach unserem gemeinsamen
Auftritt den wohlverdienten Feierabend.

Hunde, die sich nicht wie Hunde benehmen,
gibt es im Spielwarengeschäft.

Oliver Jobes

Meine Bettgeschichte

Ich kann Sie beruhigen: Diese Geschichte ist ganz und gar jugendfrei. Aber das Bett in meinem Schlafzimmer spielt tatsächlich eine entscheidende Rolle.

Mit meinem Bully Lucy war eigentlich die Familienplanung in Sachen Hund abgeschlossen. Bis ich Franzi sah. Ein Jack Russell Terrier – drei Monate alt – und so süß, wie man sich ein Hundebaby nur vorstellen kann.

Ich beschloss, dass zwei Hunde nicht verkehrt sein können. Denn mit beiden müsste ich ja gleich oft spazieren gehen, ihnen gleich oft Fressen hinstellen, gleich oft schimpfen.

Kurzum, Franzi wurde unser neues Familienmitglied. Sie war der – ich hoffe, meine anderen Hunde bekommen das nie zu lesen – intelligenteste Hund, den ich je hatte. Schon nach einer Woche war Franzi stubenrein – und auch sonst hat sie alles schneller verstanden, als mir zum Teil lieb war. Also der „Einstein" unter den Hunden.

Ja, Sie werden jetzt denken: Was hat denn Platzhirsch Lucy dazu gemeint?! Richtig! Wie man es von Geschwistern kennt, war die Freude anfangs recht begrenzt – aber schon nach ein paar Tagen wurde aus dieser abwartenden Haltung dann erfreulicherweise die totale, erbitterte Feindschaft…

Es gab keinen Zweifel: Lucy war sogar rasend eifersüchtig. Hier hatten sich zwei „Alpha-Tiere" im wahrsten Sinne des Wortes gefunden. David gegen Goliath reloaded sozusagen!

Hier sieht der Jack Russell Terrier „Franzi" auf meinem Arm sehr lieb aus. Sie lieferte sich aber mit meinem Ersthund „Lucy" eine begeisterte Intimfeindschaft. Zwei Alpha-Weibchen, bei denen eine friedliche Ko-Existenz nicht möglich war.

Denn von den Größe her war Lucy der Franzi natürlich um mehrere Hundelängen überlegen. Ich habe alles versucht: gutes Zureden, unnachgiebige Strenge, Futter in getrennten Zimmern, alles. Es blieb eine Intimfeindschaft.

Unnötig zu sagen, dass ich fast jeden Tag beim Tierarzt war, denn bei den Kämpfen gab es regelmäßig Verletzte. Dr. Oberbichler sagte beim ersten Besuch auch sofort: „Sind Sie denn verrückt: nur keinen Jack Russell – die sind schwierig – das kann ja nicht gut gehen!"

Ohne Frage ein wichtiger Ratschlag, der mir jetzt aber nur bedingt half. Ich weiß es noch ganz genau: es war an einem kühlen Sommerabend. Bei uns gings im Haus dafür heiß her: die Kämpfe der beiden gingen in die kritische Phase – gemäß dem Motto: Es kann nur einen geben. Die alles entscheidende Schlacht stand also kurz bevor.

Ich sollte aber dringend ins Bett, weil ich am nächsten Tag nach Bad Ischl zu einer wichtigen Fernsehgala mit Placido Domingo musste. Ich brauchte also meinen Schönheitsschlaf. Diese Rechnung hatte ich ohne meine Streithähne, pardon Hunde gemacht.

Bis ins Schlafzimmer verfolgten sie mich mit ihren Boxkämpfen. Da platzte mir als Ringrichterin der Kragen meines Pyjamas: Ich nahm jeden Hund an eine Leine, packte Lucy auf die linke Seite des Bettes (left corner), die Herausfordererin Franzi kam in die rechte Ecke des Bettes (right corner). Bevor der Boxkampf also zum knock out führte, hatte ich die beiden separiert.

Ich legte mich kurzerhand ins Bett – an einer Hand die eine Leine, an der anderen Hand die andere Leine. Ein Bild, das zugegebenermaßen unglaublich kurios ausgesehen haben muss.

Ich konnte schlafen, weil ich todmüde war – und weil ich wusste, dass ich die nächsten Tage für die Fernsehgala topfit sein musste. Allerdings wurde ich alle 30 Minuten von einem Ziehen auf der linken – und alle 30 Minuten von einem Ziehen auf der rechten Seite geweckt. Ich nahm die Leinen noch kürzer, sonst hätte es auf beiden Seiten Verluste gegeben.

Am nächsten Morgen fuhr ich zum Konzert – ich war froh, nur Lucy dabei zu haben. So konnte ich dort wenigstens durchschlafen und meinen Auftritt mit Placido Domingo entspannt genießen.

Placido Domingo und ich bei der Fernseh-Übertragung eines Konzertes in Bad Ischl. Was niemand wusste, meine Hunde Lucy und Franzi hätten diesen Auftritt fast vereitelt.

Zurück aus Bad Ischl war die Lage an der Hundefront immer noch nicht entspannt. Mehr noch, die Kontrahenten hatten sich an das Bettgeflüster gewöhnt. Lucy links, Franzi rechts. Ich lag allerdings zwischen allen Betten: so konnte es nicht weitergehen – der Schlafmangel nahm überhand.

In meiner Not suchte ich Rat bei meinem Tierarzt. Allerdings stellte ich die Sache ein ganz klein wenig positiver dar, als sie in Wirklichkeit war: Ich lobte den Jack Russell Franzi in den höchsten Tönen. Ein toller Hund, intelligent, pflegeleicht, einfach super. Nur vielleicht nicht ganz soo tauglich als Zweithund.

Forsch fragte ich ihn dann aber ganz direkt: Wollen Sie Franzi nicht haben?! Die Gesprächspause schien eine kleine Ewigkeit zu dauern, aber zu meiner absoluten Verwunderung sagte Dr. Oberbichler: „O.K., ich nehme Franzi eine Woche… zur Probe! Wenn es nicht klappt, bekommen Sie Ihren Hund aber zurück!" Das war mehr, als ich erhoffen konnte. Ich willigte freudig ein – denn zum ersten Mal schien eine Lösung zumindest in Aussicht.

Gesagt, getan, Franzi kam zu Dr. Oberbichler. Was würde die Probewoche bringen?! Schon am nächsten Tag klingelte mein Telefon: es war Dr. Oberbichler. Oh Gott, dachte ich. Jetzt haben wir den Salat. Schon nach 24 Stunden gabs Ärger mit Franzi. Nun gut, richtig gewundert hat es mich natürlich nicht.

Er sagte: „Meine Frau und ich haben uns in Franzi verliebt. Ich kann es Ihnen jetzt schon sagen, liebe Frau Lind: Die geben wir nicht mehr her!"

Ich dachte in diesem Moment einfach nur: Friede, Freude, Hundekuchen!

Sie können sich vorstellen, dass ich unglaublich erleichtert war. Nicht nur, dass Franzi in sehr guten Händen war, sondern dass diese Bettgeschichte ein Ende hatte. Und dass Lucy überglücklich war, muss ich wohl nicht extra betonen!

P.S. Franzi lebt bei Dr. Oberbichler übrigens bis heute – ist vor Kurzem mit ihm nach Kanada ausgewandert und erfreut sich bester Gesundheit.

Inzwischen ist Wendy ein richtiger Fernsehprofi. Bei der Sendung „Abendschau" mit Christoph Däumling setzte sie sich ganz auf Wirkung bedacht sofort in die Mitte und brauchte unbedingt ihre persönliche Decke. Diese Stars…

Eine Hündin steckt die Läufigkeit
meist besser weg als die Besitzer.

Stefan Wittlin

José Carreras und die Sechslinge

Mit dem Startenor José Carreras verbinden mich viele Erfolgsmomente in meiner Karriere. Und das seit vielen Jahren. Immer wieder trafen und treffen wir uns zu gemeinsamen Auftritten. Ob in London, in Istanbul, oder im Duett für die große ARD Spenden-Gala zugunsten seiner Leukämie-Stiftung. Und jedes Mal bin ich von ihm fasziniert. Er ist ein Weltstar, der immer bescheiden und freundlich geblieben ist und fest mit beiden Beinen auf den Bühnen dieser Welt steht.

Unser erstes Zusammentreffen im November 1986 werde ich auf jeden Fall nie vergessen. Es war in Wien. Die Premiere der Oper „Werther" von Jules Massenet stand vor der Tür. Ich hatte die Ehre, gemeinsam mit ihm zu singen. Er verkörperte Werther, Agnes Baltsa die Charlotte und ich spielte ihre Schwester Sophie. Für mich war es natürlich ein sehr aufregendes Erlebnis, mit beiden auftreten zu dürfen.

Und ich kann José Carreras nur in den mir doch zum Glück zur Verfügung stehenden „höchsten Tönen" loben. Selbst zu meiner Einzelprobe mit dem Korrepetitor erschien er – obwohl er dafür natürlich gar nicht eingeplant war. Er wollte dennoch mit mir alles abstimmen – und mir die Sicherheit geben, dass wir gemeinsam „bella figura" machen würden. Was für eine Geste!

Außerdem versuchte er mir ganz geschickt das Lampenfieber zu nehmen, indem er eine Geschichte erzählte. Die Geschichte seines Debüts 1974 in Wien. Am, wie er sagte, wichtigsten Opernhaus der Welt:

„Ich hatte einen schlechten Tag erwischt, als ich den Herzog in „Rigoletto" gesungen hatte. An der entscheidenden Stelle versagte mir die Stimme. Das passiert manchmal. Erst 1977 unter Herbert von Karajan konnte ich mich rehabilitieren – in ‚La Bohème'! Man bekommt immer eine zweite Chance!"

Unsere Premiere rückte näher – und ich gebe zu, meine Nervosität wurde immer größer. Plötzlich denkt man, was kratzt da so im Hals, dann gefällt einem das Kostüm nicht mehr – und dann hat man wieder das Gefühl, dass man den Text komplett vergessen wird. Am Tag vor der Premiere denkt man dann alle drei Dinge gleichzeitig… und beginnt viel zu spät mit autogenem Training.

Das Einzige, was gegen die Nervosität wirksam half, war Cindy – ein Dackelmischling. Genauer gesagt meine Hündin, die ich mit sieben Monaten aus dem Tierheim geholt hatte. Als Cindy zum ersten Mal um die Ecke bog, dachte ich mir: mein Gott, ist die lang. Sie war in der Mitte ein XXL-Dackel – quasi die „extended version".

Sie brachte mich vor der Premiere immer wieder auf den Boden der Tatsachen – und kaum hatte ich mich für ein paar Minuten mit ihr beschäftigt, war meine Aufregung komplett verflogen.

Nun sollte ich dazu sagen, dass Cindy prächtig trächtig war. Und das kam so. Ich besuchte einige Wochen vor der „Werther"-Premiere die Chefin des Wiener Opernballs, Lotte Tobisch. Sie hatte mich beim Wiener Opernball 1986 mit dem „Frühlingsstimmenwalzer" von Johann Strauß engagiert – was für mich mit der Durchbruch für meine internationale Karriere war. Ich hatte ihr also viel zu verdanken, und es sollte bald noch mehr werden.

Cindy, mein XXL-Dackelmischling
mit ebenso großem Herzen.

Lotte Tobisch, die Chefin des Wiener
Opernballs mit ihrem Hund Fritzi. Der
stolze Vater von Cindys Sechslingen.

Bei einem gemeinsamen Kaffee in ihrer Stadtwohnung unterhielten wir uns so angeregt, dass wir gar nicht bemerkten, dass unsere beiden Hunde im Nebenraum ganz anderes im Kopf oder sonst wo hatten. Cindy wurde einige Zeit später immer dicker und es beschlich uns langsam der Verdacht, dass der Vater des Erfolges nur Fritzi heißen konnte. Das war für ihn eine echte Heldentat, denn er war immerhin schon 13 Jahre alt. Für Hunde bekanntermaßen das „Jopie-Heesters-Alter".

Auch sonst hatte Fritzi eine interessante Biografie aufzuweisen. Lotte Tobisch hatte es geschafft, dass er als einziger Vierbeiner weltweit einen eigenen Passierschein für alle Bundestheater in Wien besaß.

Zwei Großereignisse bahnten sich also zeitgleich an. Meine Premiere als Sophie neben Weltstar José Carreras… und die nicht minder herausragende Niederkunft von Cindy.

Was soll ich Ihnen sagen: es passiert dann ja nach Murphys Law alles immer gleichzeitig. Kurz vor der Werther-Generalprobe war es soweit. Da hatte Cindy schon ihre Aufführung.

Es war bei ihr eine „Opera wuffa" in sechs Akten!

Meine Mutter war extra angereist, um mir bei der Hausgeburt zu helfen. Wir hatten eine Wurfkiste vorbereitet – und schon ging es los. Erst kam ein kleines Junges, dann ein zweites, dann ein drittes. Damit schienen wir gut bedient und dachten, die Sache sei beendet. Falsch. Es kamen Nummer vier bis sechs innerhalb der nächsten zehn Minuten.

Cindy hatte also Sechslinge. Eines blond, eines schwarz, eines hochbeinig, eines tiefergelegt… alles dabei. Wir gaben dem Wurf übrigens passenderweise Opernnamen: Tristan, Lohengrin, Otello, Mimi, Elsa & Sophie.

Nicht nur Cindy war nach der Geburt völlig erschöpft. Ich auch. Nur musste ich jetzt zur Generalprobe. Für einen der wichtigsten Auftritte meiner Karriere.

José Carreras begrüßte mich freudig – schaute mich an – und sagte dann: „Du siehst ja völlig mitgenommen aus. Hast Du nicht mehr geschlafen? Ist es das Lampenfieber? Na klar. Aber

Neben der Premiere der Oper „Werther" mit Weltstar José Carreras – ein zweites Großereignis: die Sechslinge von Cindy!

ich sage Dir: Mach Dich nicht verrückt, wir kriegen das alles hin!"

Jetzt war es an der Zeit, ihn aufzuklären: „Es liegt nicht an der Premiere, lieber José, sondern an meinen Sechslingen!"

Überflüssig zu sagen, dass diese Aussage José Carreras noch mehr beunruhigte. Diese junge Sopranistin hat übermorgen Premiere und muss noch Sechslinge versorgen?! Er sah mich an, pardon, wie wenn ihn ein Bus gestreift hätte.

„Nein, nein", sagte ich. „Mein Hund hat heute sechs auf einen Streich hingekriegt. Sechslinge!" José war mehr als erleichtert und wir haben herzlich gelacht!

Auch die zweite „schwere Geburt" war ein voller Erfolg. Der Premierenabend der Oper „Werther" lief wunderbar – das Publikum war begeistert. In Wien ja keine Selbstverständlichkeit, wie Musikkenner wissen.

Nur eines hat mich kurzzeitig irritiert. Während meiner ersten Arie ging José Carreras seelenruhig ab, was wir aber nie so geprobt hatten, um auf der Seitenbühne gemütlich ein Schlückchen Tee zu sich zu nehmen. Pünktlich zu meinem letzten hohen Ton kam er zurück und zwinkerte mir schelmisch zu.

Timing ist eben auch in der Oper alles.

Willi meditiert sehr häufig. Auf dem Weg zur höchsten Erleuchtung braucht er allerdings überraschend oft ein Wiener Schnitzel!

*Die Treue eines Hundes
ist ein kostbares Geschenk.*

Konrad Lorenz

Die Strafe der Lieder

In den fünf Jahren bei der ARD-Produktion „Die Strasse der Lieder" habe ich viele Geschichten erlebt. Denn ich habe für diese Sendung gemeinsam mit Gotthilf Fischer viele Monate insgesamt gedreht. An unglaublich schönen und interessanten Plätzen in Deutschland, Österreich, der Schweiz und Italien. Da mein Reisefieber bis heute bei mindestens 40 Grad liegt, waren für mich die Dreharbeiten eigentlich immer wie Urlaub. Nun ja, nicht immer, wie Sie gleich merken werden.

Mein Hund Wendy war von der ersten bis zur letzten Produktionsminute mit dabei. So auch bei einem Einsatz, der sich auf dem Drehplan mitten im Sommer sehr schön und erfrischend las:

Strasse der Lieder, Titel: „La Mer", Eva Lind singt auf einem Boot – im Hintergrund der Leuchtturm „Roter Sand" bei Bremen.

Mit frohen Erwartungen kamen Leichtmatrose Eva Lind und Maat Wendy an. Wir bestiegen das Schiff und prompt, wenn man es nicht brauchen kann, zogen Wolken auf. Der Wind wurde stärker. Kurzum: Die Nussschale wackelte schon vor dem Ablegen bedenklich.
„Das wird gleich wieder besser", höre ich den Regisseur noch sagen – und wir fahren los.
Ich möchte hier betonen, dass Regisseure am Set immer Recht haben – aber wenn das Set auf dem Wasser ist, habe ich seit diesem Tag erhebliche Zweifel.

Denn während ich meine Mütze immer tiefer ins Gesicht schob, wurden die Wellen dafür immer höher.

Man konnte von Seegang sprechen. Die Windstärke war mir relativ egal, aber als der Kapitän irgendwas von neun murmelte, machte mich das nicht zuversichtlicher.

Es wurde immer schlimmer. Jetzt werden Sie fragen: Warum sind die denn nicht einfach umgekehrt? Das ist ein sehr guter Einwand – allerdings waren wir da schon so weit vom Land entfernt, dass jetzt die Botschaft lautete: Augen zu und durch.

Das schien sich auch die Crew des Bootes zu denken: denen wurde es an Deck zu schwierig, also gingen sie sicherheitshalber unter Deck.

Ich wollte gerade der Crew folgen – was man ja grundsätzlich soll. Nur hatte ich die Rechnung ohne meinen Regisseur gemacht. Der sagte: „Jetzt ist eh schon alles egal – wir drehen!"

Ich war bereits „lind-grün" im Gesicht – aber auch diese Farbe muss mir in diesem Moment aus dem selbigen gewichen sein. Jetzt noch drehen? Ich verstand, warum SOS „save our souls" heißt.

Aber mitgehangen, mitgefangen. Ich konnte nichts tun. Aus der Strasse der Lieder wurde die Strafe der Lieder!

Ich musste für den Dreh mit einem Stahlseil angeleint werden, sonst hätte es mich aus dem Boot geschleudert. Genauso der Kameramann, festgemacht an der Reling. Eigentlich unglaublich.

Ein Dreh für die ARD Sendung „Die Strasse der Lieder". Das Entscheidende im Showbiz: auch bei Windstärke 9 heißt es immer lächeln!

Und jetzt kam die Stunde von Wendy. Während die Crew sich aus dem Staub gemacht hatte, war sie heldenhaft an meiner Seite. Wich keine Sekunde von mir. Käp'n Iglo wäre stolz auf sie gewesen.

Wie eine Nussschale wurde unser Boot vor dem Leuchtturm hin- und hergeschaukelt – während ich den Text meines Liedes versuchte zu memorieren… wobei mir auch die ersten Zeilen meiner Memoiren durch den Kopf schossen.

Denn in so einem Moment fragt man sich schon: Ist das Dein letztes Lied, das Du da singst? Gut, immerhin wäre es der Nachwelt erhalten geblieben – weil die Kamera lief – aber das war in dem Augenblick ein schwacher Trost.

Ich weiß bis heute nicht, wie ich bei diesem Wellengang überhaupt das Lied „La Mer" singen konnte. Und La Mer – das Meer machte mir auch wirklich keine Freude. Aber irgendwie habe ich es geschafft und wir hatten es für die Sendung im Kasten.

Der Rückweg schien endlos. Wendy lag in der Ecke, völlig erschöpft. Ich genauso. Allerdings sind wir beide nicht seekrank geworden – das möchte ich betonen.

Sage und schreibe zwölf Stunden waren wir auf diesem Schiff – Wendy hat nicht einmal Gassi gehen können.

Als wir wieder an Land waren, haben Wendy und ich um die Wette gezittert. Sie war so fertig, dass sie zwei Tage nicht mehr aus dem Haus ging.

Inzwischen gehe ich wieder auf Schiffe… aber wenn Sie vorhaben, mich für ein Konzert vor, neben, auf, in oder unter einem Leuchtturm anzufragen, kann ich Ihnen nur sagen: Vergessen Sie's!

SWR »

Mitwirkendenausweis
(Freie Mitarbeiter)

Name: _Wendy_

Redaktion: _Wunschbox_

Produktion: _____

Stempel/Unterschrift   28. 02. 01
                              Datum

Alles muss auch beim Fernsehen seine Ordnung haben: die Freie Mitarbeiterin Wendy kann dies bestätigen. Bei der SWR-Sendung „Wunschbox" bekam mein Hund sogar einen extra Mitwirkendenausweis, um im Studio mit dabei sein zu können. Auch ein Mittagessen in der Kantine war dadurch für Wendy gesichert.

*Eine der blamabelsten Angelegenheiten
der menschlichen Entwicklung ist es,
dass das Wort „Tierschutz" überhaupt
geschaffen werden musste.*

Theodor Heuss

Tristan und... Pavarotti

Ich engagiere mich seit Jahren für den Tierschutz, bin in mehreren Tierschutzvereinen Österreichs aktiv. Denn ein Hund kann ja beispielsweise rein gar nichts dafür, dass er an ein Herrchen oder Frauchen geraten ist, das nach drei Wochen feststellt, dass der Hund farblich nicht zum Sofa passt – und ihn dann herzlos an einer Autobahnraststätte aussetzt oder ihn in ein Tierheim steckt.

Es ist wirklich schlimm, wie viele Menschen achtlos mit Tieren umgehen – und das Ergebnis sehe ich dann, wenn ich immer wieder Tierheime besuche.

Regelmäßig haben mir die Hunde dort in ihren Gefängnissen das Herz erweicht und ich bin mit einem Hund mehr nach Hause gekommen.

Von einem Hund, den ich bei so einem Besuch spontan mit nach Hause nahm, möchte ich Ihnen jetzt erzählen.

Er hieß Tristan und ich sah ihn im Wiener Tierschutzhaus. Ich konnte nicht anders, es war Liebe auf den ersten Blick. Noch bevor mein Kopf es sich genau überlegen konnte, hatte mein Herz schon entschieden: Diesen Schäferhund galt es zu retten.

Tristan war schon ausgewachsen und muss damals bereits um die zwei oder drei Jahre alt gewesen sein. Er war sehr gut erzogen, aber sein Fell war stumpf und er war ziemlich unterernährt. Die Tierpflegerin gab mir noch den Tipp mit auf den Weg, Tristan bitte schnellstmöglich aufzupäppeln. Sie sagte:

„Hier bei uns hat er kaum Appetit, aber wenn er bei Ihnen ist, dann wird er ja vielleicht wieder fröhlicher, hat Hunger und nimmt zu."

Tatsächlich: Tristan war für einen Schäferhund ziemlich mager und man sah ihm die Entbehrungen der letzten Monate mehr als deutlich an.

Wie würde er am schnellsten zunehmen? Dafür bekam ich einen wertvollen Tipp von einem Fachmann, der sich damit bestens auskannte:

Von Luciano Pavarotti!

Ja, Sie haben richtig gelesen. Von *dem* Luciano Pavarotti! Von einem der größten Tenöre, den die Welt je gesehen und gehört hat. Der als Solist und mit den „Drei Tenören" alles erreicht hat, was man sich als Künstler wünschen kann.

Pavarotti wusste zunächst rein gar nichts von seiner Vorbildfunktion für meinem Hund Tristan. Und das kam so:

Ich war mitten in den Proben von Verdis „Maskenball" an der Wiener Staatsoper mit ihm und er erzählte mir stolz, dass er im „Mailberger Hof", wo er in der Zeit in Wien wohnte, jeden Abend selbst kochen würde. Ja, der Meister höchstpersönlich zauberte sich seine Nudeln al dente. Er hätte sich natürlich jeden Koch dieser Welt leisten oder einfach in das beste Lokal der Stadt gehen können – aber Pavarotti hatte einfach Freude daran und stand selbst am Herd.

Sein Appartement im „Mailberger Hof" hatte eine Küche und dort verwöhnte er sich und seine Gäste also mit größeren Mengen Spaghetti à la Pavarotti.

Mein Schäferhund Tristan aus dem Tierheim – den ich mit Pasta à la Luciano Pavarotti aufgepäppelt habe.

Nicht umsonst hatte er in Opernkreisen den Spitznamen „Big P" – übrigens von der australischen Jahrhundertsopranistin Joan Sutherland kreiert.

Seine XXL-Figur hatte Pavarotti – das sei nebenbei bemerkt – aber auch von Coca-Cola. Dieses Getränk liebte er nicht heiß und innig – sondern eiskalt und innig – oder anders gesagt: immer nur mit richtig vielen Eiswürfeln. Das ist insofern unglaublich, als so kalte Getränke für jede Stimme eigentlich Gift sind. Nicht für Luciano Pavarotti, wovon wir uns jahrzehntelang überzeugen konnten.

Als Luciano von seinen abendlichen Kochkünsten erzählte, kam mir plötzlich die zündende Idee: Was bei Pavarotti offensichtlich erfolgreich funktionierte, müsste doch auch bei Tristan anschlagen.

Das Erfolgs-Rezept lautete ab diesem Tag: Der Hund bekommt Pasta senza Basta!

Ich kochte die Nudeln natürlich nur à la Pavarotti: mit viel Olivenöl und noch mehr Schlagsahne. Eben alles, was ein ausgehungerter Hund oder ein Star-Tenor braucht.

Und siehe da: Lucianos Ess- und Schlemmkultur ließ sich mühelos auch auf meinen Schäferhund Tristan übertragen: er hatte nach einer Woche bereits zwei Kilogramm zugenommen. Luciano sei Dank!

Tristan und... Pavarotti! Das war ja sonst kein Erfolgsduo, da der Startenor Wagner-Opern nie gesungen hat. Mein Tristan und Pavarotti – das passte wunderbar zusammen, nur dass er überhaupt nichts von seiner großartigen Hilfe wusste.

Um mich erkenntlich zu zeigen, habe ich eines Tages Luciano Pavarotti eine Sachertorte geschenkt. Er war zunächst ziemlich verblüfft – aber als ich ihm die ganze Geschichte erklärte, war er sehr gerührt. Er hatte ein großes Herz für Hunde. Also nahm er die Sachertorte dankend an.

Ich gehe mit an Sicherheit grenzender Wahrscheinlichkeit davon aus, dass die Sachertorte bei Luciano Pavarotti den darauf folgenden Morgen nicht erlebt hat!

Ja ich bin's wirklich: Meine Rolle als Lucia di Lammermoor in der gleichnamigen Oper war namensgebend für meinen Hund Lucy. Auch sie hätte mich in dieser Maske übrigens fast nicht mehr erkannt.

*Die Größe und den moralischen
Fortschritt einer Nation kann man daran
messen, wie sie ihre Tiere behandelt!*

Mahatma Gandhi

Die Bestie der Mailänder Scala

Die Italiener sind bekannt dafür, dass sie das Leben lieben. Und die Pasta. Und natürlich auch Kinder.

Bei Hunden aber hört der Spaß oft auf – so zumindest meine Erfahrung.

Ich möchte Ihnen das gerne mit einem Italiener beweisen, den ich der Einfachheit halber hier als „die Bestie der Mailänder Scala" bezeichnen möchte.

Zu verdanken haben wir diese Geschichte Riccardo Muti – dem Star-Dirigenten. Er ist ein Meister seines Faches, strahlt eine absolute Autorität aus. Und man kann sich seiner Aura nicht entziehen. Ich hatte das Glück, bei seinen Opernproduktionen von „Siegfried" und „Fidelio" an der Mailänder Scala singen zu dürfen.

Als ich am ersten Probentag vor dem Bühneneingang der Scala gemeinsam mit meiner Lucy erschien, sagte ich zum Pförtner: „Buon giorno Signore, ich bin die Sopranistin Eva Lind – und ich komme zur ersten Probe für die Oper ,Siegfried'. "

Plakat der Mailänder Scala für die Oper „Fidelio" unter der Leitung von
Riccardo Muti, Saison 2002/2003

Normalerweise reicht ein Blick auf den Ausweis, es öffnet sich die Tür – und ich gehe hinein. Nicht so an der Scala. Der Pförtner bellte mich an: „Sie können rein – der Hund nicht!"

Noch blieb ich ruhig und fragte, was man in so einem Fall nur fragen kann: Warum?

„Ist eine Anweisung von ganz oben. Keine Tiere hier in der Oper!" Ich wiederholte meine Frage: „Keine Tiere – warum?"

„Weil es so ist!", kam die beredte Auskunft.

Ich sagte ihm freundlich aber bestimmt, dass ich hier als Ensemblemitglied hohen Wert darauf legen würde, dass ich meinen Hund mit in der Garderobe hätte. Auch das Zauberwort „Muti" ließ ich fallen.

Und siehe da: das Ergebnis war, dass ich mit Lucy… immer noch nicht reindurfte! Die Bestie an der Pforte war unglaublich stur. Ich allerdings auch. Ich wollte seinen Chef sprechen. Um es kurz zu machen – das Gespräch mit der Chefbestie endete leider mit dem gleichen Ergebnis.

Hunde waren hier unerwünscht, egal wen ich kannte oder mit wem ich drohte. Ich kochte, aber ich musste wohl oder übel mit Lucy zurück ins Hotel fahren – und sie dort im Zimmer lassen.

Meine Wut hatte auf der nach oben offenen Mailänder Scala einen bedenklichen Wert erreicht!

Entsprechend geladen kam ich zum Pförtner nach einer halben Stunde zurück, fuhr ihn an, dass das Ganze ein Nachspiel haben würde, wobei ich in diesem Moment selber nicht wusste, welches Nachspiel ich meinte…

Am Nachmittag, als sich mein Blutdruck wieder in ärztlich angezeigten Regionen befand, ging ich mit Lucy durch die Galleria von Milano spazieren.

Ich kam an den Malern vorbei, die einen in 30, 40 Minuten porträtieren. Was diese Künstler in jedem Falle am besten können, ist, einen in ihren Stuhl zu „quatschen". Mit Händen und Füßen überzeugen einen diese Taschen-Tizians, dass man nie etwas anderes im Leben machen wollte, als sich jetzt von ihnen zeichnen zu lassen. Für nur 350.000 Lire – ein absolutes Schnäppchen – nur heute und nur, weil sich Signoras Madonnen-Gesicht für ein Porträt so ideal eignet...

Natürlich tappen viele willenlose Touristen in diese offensichtliche Falle. Lassen sich zu überhöhten Preisen ein Bild anfertigen, das eher nach der eigenen Großmutter aussieht. Ich selbstverständlich nicht. Wie käme ich dazu. Wäre ja noch schöner. Und schon hatten mich die Jungs in die Zange genommen. Professionell trieben sie mich in die Enge, also schlug ich listig Lucy vor. Sie war der einzige Ausweg, diesen rhetorischen Wunderknaben zu entkommen. Lucy würden sie natürlich ablehnen, einen zappelnden Hund.

Allerdings konnte ich meine perfide Taktik nicht mehr mit Lucy besprechen – und sie machte mir einen gründlichen Strich durch die überhöhte Rechnung. Die eitle Prinzessin hopste bereits auf den Klappstuhl und rührte sich dann auf ihrem Thron nicht mehr von der Stelle. Sie schien zu sagen: „Ihre Hundheit ist bereit, hier Modell zu sitzen. Man lasse beginnen!"

Was sollte ich machen, ich musste mich ergeben. Wieder war ein Opfer ins Netz der Maler-Mafia gegangen. Wenn auch diesmal ein Vierbeiniges.

Schon der zweite Italiener, dem ich mich beugen musste – dachte ich mir. Signore Pförtner und Signore Kunstmaler. So langsam hatte ich die Nase voll von diesen italienischen Macho-männern.

Lucy nicht – sie himmelte den Maestro des pastosen Pinsels an. Und schien die Aufmerksamkeit sichtlich zu genießen. Sie saß wirklich über eine halbe Stunde wie angewachsen auf diesem Stuhl, machte keinen Mucks.

Die Menschen auf dem Platz standen schon in Zweierreihen um uns herum – um das Spektakel zu bestaunen. Immer mehr Touristen und Einheimische kamen hinzu, weil sie es nicht fassen konnten, dass sich ein Hund einfach nicht bewegt und sich malen lässt. Minute um Minute.

Und ich muss zugeben, unser Zeichner war auch im Bereich Fauna sehr gut. Lucy war wirklich toll getroffen.

Stolz nahm ich Lucy und das Bild zurück ins Hotel.

Am nächsten Tag resümierte ich für mich: Den Kampf gegen den italienischen Mafiamaler hatte ich verloren. Jetzt stand ich vor einer schwierigen Entscheidung: Sollte ich mich meinem Feindbild Numero uno, dem Pförtner der Scala, auch ergeben? Nein – beschloss ich. Nicht noch ein Waterloo in Milano.

Ich würde einen zweiten Anlauf nehmen, die hundefeindliche Bastion „Mailänder Scala" stürmen. Ich würde so lange insistieren und notfalls Riccardo Muti persönlich an die Pforte bitten, bis sich der Pförtner ergeben würde. Das wäre doch gelacht. Als Sängerin darf man seinen Hund nicht mitnehmen? Ein schlechter Witz!

Ich fuhr mit dem Taxi am Bühneneingang vor. Ich hoffte für eine Sekunde, dass heute eine andere Pforten-Bestie Dienst hatte. Eine, die ich vielleicht überzeugen konnte. Jetzt kam für mich zum Glück auch noch das Pech dazu: Es war exakt derselbe Portier wie am Vortag. Ich war mir ganz sicher, denn er trug immer noch dasselbe zerknitterte hellblaue Hemd.

„Auf in den Kampf!", dachte ich mir. Signora Lind wird jetzt alles geben.

Ich ging entschlossen auf den Feind zu. Direkter Augenkontakt war jetzt wichtig. Einer musste diese Schlacht verlieren – und das war er. Auch wenn er die Macht über diesen verdammten roten, kleinen Knopf hatte, mit dem er locker-lässig die Tür aufmachen konnte. Mehr nicht, aber leider auch nicht weniger.

Es waren nur noch weniger Zentimeter bis zu seinem Reich. Ich trat auf ihn zu – doch bevor ich etwas sagen konnte, begrüßte er mich mit den schönsten Flötentönen, die man sich vorstellen konnte:

„Ah Signora Lind – ich grüße Sie ganz herzlich!"

Ich dachte mir, welche Tabletten hat dieser Pförtner seit gestern genommen. Oder war es doch der Zwillingsbruder, der heute hier saß? Aber nein, kein Zweifel, es war der Mann vom Vortag. Nur in der gut gelaunten Variante. Wie konnte es dazu kommen?

„Ich habe Sie gestern mit Ihrem Hund gesehen – auf der Piazza Duomo. Es war toll, wie er da so still saß – und sich porträtieren ließ. Mamma mia – dieser Hund ist jetzt ein Star! Also sagen Sie es niemandem weiter, gehen Sie einfach rein – ich drücke beide Augen zu. Ich hab einfach nichts gesehen!"

Schon summte der Türöffner. Ich war sprachlos – realisierte aber das unschlagbare Angebot und ging mit Lucy in meine Garderobe.

Ich brauchte einige Minuten, um mich von diesem Schock zu erholen. Hatte ich das alles nur geträumt? War ich in der italienischen Ausgabe der Versteckten Kamera?

Aber mit Logik kommt man im Leben nicht immer weiter. Wir waren drin – und alles andere spielte keine Rolle mehr.

Die Bestie der Mailänder Scala war gezähmt!

Und ganz nebenbei sei erwähnt: Die Opernaufführung von ‚Siegfried' ging völlig problemlos über die Bühne oder wie Lucy sagen würde:

Es lief „Bell-issimo!"

Lucy sitzt Modell in Mailand bei einem Kunstzeichner.

Zwei dicke Freunde: Wendy und der rätselhafte Husky von der Insel
Pantelleria.

*Wenn Du einen verhungernden Hund
aufliest und machst ihn satt, dann wird
der dich nicht beißen. Das ist der
Unterschied zwischen Hund und Mensch.*

Mark Twain

Die Entführung von Armanis Hund

Pantelleria ist eine wunderschöne italienische Lava-Insel. Kurz entschlossen machte ich im tristen November dort vor ein paar Jahren einen fünftägigen Kurzurlaub.

Das Wetter war für die Jahreszeit, wie man so schön sagt, zu kühl, aber immer noch besser als der Schneeregen in der Heimat. Nach einem leckeren Abendessen ging ich mit meinem Hund Wendy spazieren. Es war noch relativ warm – vielleicht 15 Grad.

Ich bemerkte, dass uns ein Husky nachlief. Wendy, die sich sonst für andere Hunde überhaupt nicht interessiert, war sofort Feuer und Flamme für unseren neuen Freund. Beide verstanden sich gut – und so begleitete er uns. Irgendwann rief ich dem Husky zu, er solle doch jetzt nach Hause gehen. Erst auf Deutsch, dann auf Italienisch. Ohne Erfolg.

Der Hund schien kein Zuhause zu haben. Er blieb an uns dran, lief uns sogar bis ins Hotel nach. Er ließ sich nicht abwimmeln und ging mit auf unser Zimmer. Dort angekommen, sprang er sofort aufs Bett. Aha, dachte ich mir, das darf er bei seinem Besitzer wohl auch immer, sonst würde er das jetzt nicht gleich tun.

Nur, wer war sein Besitzer?! Ich hatte den Verdacht, dass es ein Tourist sein musste, der ihn hier auf Pantelleria ausgesetzt hatte. Denn ein Husky war nicht gerade der Haus- und Hofhund, den sich die Einheimischen hier halten würden. Außerdem hatte er kein Hundehalsband, keine Marke, nichts.

Als ich ihm Hundefutter hinstellte, hätten sie ihn sehen sollen. Sein Hunger war so groß, dass er den Fressnapf gerne noch als Nachspeise mitgegessen hätte.

Ich war mir sicher – und so gut kenne ich die Vierbeiner – das musste ein armer Hund sein, ein Findling, der schon länger nichts mehr zwischen die Zähne bekommen hatte. Heute sagt man Straßenhund dazu.

Also blieb der Husky über Nacht bei uns. Am nächsten Morgen waren die beiden immer noch unzertrennlich – und Wendy schien unglaublich glücklich mit ihrem neuen Freund. Das freute mich natürlich sehr – und auch der Husky schien zu sagen: „Bitte, setz mich nicht wieder aus. Ich bin so froh, Euch zu haben!"

Das erweichte natürlich mein Herz – und als „Mutter Teresa" der Hunde entschloss ich mich, diesen Husky mitzunehmen. Hierlassen, das kam für mich einfach nicht mehr in Frage. Also fing ich an zu organisieren. Welche Papiere würde ich brauchen? Musste ich vorher zum Arzt? Ich besprach mich mit meiner kleinen Reisegruppe, mit der ich da war. Ich stellte mich sogar auf eine Zwischenlandung auf dem italienischen Festland ein, um alle Formalitäten mit dem Husky regeln zu können.

Es ist einfach ein tolles Gefühl, einen herren- und heimatlosen Hund zu retten. Ich war voller Energie – und wusste, dass ich die richtige Entscheidung getroffen hatte.

Der Husky und Wendy bestärkten mich: Die beiden hatten sich unglaublich lieb und spielten den ganzen Tag miteinander. Mir fiel der Film „Ein Herz und eine Seele" ein, so harmonierten die beiden.

Jetzt stand es felsenfest: Ich würde den Husky mitnehmen nach Österreich. Komme, was wolle – und egal, wie schwierig der „Hunde-Export" mit den italienischen Behörden auch sein würde. Bei uns würde er es besser haben.

Apropos italienische Behörden. Es war jetzt höchste Zeit, aktiv zu werden. Ich rief bei der Inselverwaltung an und telefonierte gerade mit meinem besten Italienisch, das ich zu bieten hatte, da kam ein Kellner an meinen Tisch und fragte: „Hat der Hund bei Ihnen übernachtet?!"

Ich deutete ihm an, dass ich mein Gespräch zu Ende führen müsste. Das tat ich auch – und danach sagte ich glücksstrahlend zu ihm: „Ja, das hat er. Der Husky hat bei uns übernachtet. Und ich werde ihn nach Österreich mitnehmen, dann hat er wieder ein Zuhause! Sie müssen sich keine Sorgen machen, ich regle alles im Moment!"

„Nun ja", druckste der Kellner herum, „ich möchte Ihnen nicht zu nahe treten, Signora. Wissen Sie, wem dieser Hund gehört?!" „Nein", antwortete ich wahrheitsgemäß. „Er gehört Signore Armani!" „Aha", sagte ich völlig verduzt. Nun gut, welcher Herr Armani? War das sein Besitzer, der ihn ausgesetzt hatte? Der Kellner merkte, dass ich es immer noch nicht verstanden hatte:

„Ich spreche von Giorgio Armani! Dem berühmten Modeschöpfer! Es ist sein Hund!" Ich begann in Zeitlupe zu begreifen. Der Kellner erklärte mir: „Der Husky gehört ihm und lebt in Armanis Ferienhaus – das Hausmeister-Ehepaar passt allerdings nicht so richtig auf ihn auf. Daher ist er immer unterwegs – streunt den ganzen Tag herum. Alle kennen ihn hier auf der Insel. Vertrauen Sie mir, Signora, es ist der Hund von Giorgio Armani!"

Ich glaube, wenn das Rotsein nicht schon erfunden worden wäre, ich hätte es an diesem Tisch getan. Ich stotterte irgend etwas verlegen vor mich hin! Gott, war mir das peinlich!

„Erde, bitte tu Dich auf", dachte ich mir noch, aber wenn man die Vulkane in Italien schon mal braucht, dann sind sie natürlich nicht aktiv…!!

Ich hätte also beinahe – um ein Hundehaar – den Husky von Giorgio Armani einfach so nach Österreich verschleppt!

Mir schoss die Schlagzeile aller italienischen Gazetten und der österreichischen Kronenzeitung schon durch den Kopf:

„Skandal! Eva Lind entführt Hund von Armani!"

Statt Lösegeld gab ich dem Kellner das größte Trinkgeld meines Lebens. Ich bedankte mich mit einem großen Tip für seinen kleinen, aber entscheidenden Tipp!

Wenn ich seither einen herrenlosen Husky sehe, frage ich immer als Erstes nach, ob er vielleicht Ralph Lauren oder Karl Lagerfeld gehört!

Beim 20. Solothurn Classic Open Air im Sommer 2010 : Leo Nucci,
der wohl weltbeste „Rigoletto", ich als Gilda und Wendy als sie selbst!

Übergepäck auf vier Pfoten: Lucy bewachte mein Gepäck.
So stellte sie sicher, immer mit dabei zu sein!

Ein Hund ist ein Herz auf vier Pfoten.

Irisches Sprichwort

Lucys Koffertick

Jedes Tierchen hat ja so sein Pläsierchen. Und Hunde neigen besonders dazu, Marotten zu entwickeln. Ich kannte einen Collie, der nur mit dem Pantoffel seines Herrchens im Maul einschlafen konnte. Oder der Yorkshire-Terrier meiner Freundin, der ausschließlich Katzenfutter aß – für Hundefutter hatte er nur einen verächtlichen Blick.

Und auch meine eigenen Hunde sparen nicht mit charakterlichen Besonderheiten. Meine Bulldogge Lucy zum Beispiel hatte da auch einiges zu bieten:

Bevor ich auf Konzertreise gehe, habe ich immer alles Mögliche zu packen: einen Koffer für meine Auftrittsgarderobe, einen Koffer für die normalen Kleidungsstücke und so weiter und so fort.

Da ich gerne auf den letzten Drücker, also Last-Minute, packe, muss ich mich bei diesen „Koffer-Arien" immer sehr beeilen. Ich baue die verschiedenen Koffer nebeneinander auf und gehe dann gezielt eine Liste durch, mit allem was hinein muss.

Allerdings hatte Lucy immer eine ganz andere Vorstellung davon, was wirklich hinein muss. In jedem Koffer, den ich befüllen wollte, saß: SIE!

Lucy hatte einen ausgeprägten Koffertick!

Ich hatte immer versucht, sie zu überlisten, und habe ihr einen eigenen Koffer mit Decke hingestellt, in den sie sich kuscheln konnte, während ich mit meiner Pack-Arbeit beschäftigt war. Nichts da. Sie zog es immer energisch vor, genau in dem Koffer Platz zu nehmen, den ich gerade brauchte.

Abendgarderobe für drei Auftritte? Mittendrin Lucy! Schuhe für einen Auftritt, einen Empfang und eine Wanderung? Mittendrin Lucy!

Einmal brachte sie mich beim Packen so durcheinander, dass ich am nächsten Tag dann im Hotel ohne Pyjama dastand.

Es half also nichts, mein Entschluss stand fest: Lucy musste das Zimmer verlassen, während ich packte.

So dachte ich zumindest... denn als ich sie endlich mühsam durch die Tür hinaus in den Flur geschoben hatte, kam es mir nach einiger Zeit erschreckend ruhig da draußen vor.

Kein Kratzen an der Tür, kein Jaulen, kein heiseres Bellen.

Ich spähte nach draußen und fand Lucy in der Garderobe. Genüsslich hatte sie sich dort mit allem, was sie finden konnte, ein gemütliches Nestchen gebaut. Meinen Mantel, meine Schuhe, meinen Schal – alles, was ich einpacken wollte, hatte sie schon okkupiert, um auf jeden Fall Teil des Reisegepäcks zu sein.

Es war nicht zu fassen, was ein einzelner kleiner Hund in fünf Minuten für eine Unordnung anrichten kann.

Die Erklärung lag auf der Hand, auf dem Hund. Lucys Hundelogik war folgende: Sie dachte sich, klug wie sie war: „Wenn ich im Koffer sitze, dann kann Frauchen ja unmöglich ohne mich losfahren. Dann bin ich dabei!" Und nichts war ihr wichtiger, als mitzureisen. Ganz nah bei mir zu sein.

Und da ich das sowieso nicht mehr ändern konnte und Lucy nicht locker lassen würde, gab ich mich geschlagen und packte von da an immer gemeinsam mit ihr.

Ich ließ ihr ihren lustigen Tick: ihren Koffertick! Auch Tiere sind eben nur Menschen…

Während ich beim Fußball mehr der Fan vor dem Bildschirm bin – war Trixi, ein Pflegehund, immer aktiv tätig. Leider auch in der Ballvernichtung…

Stillleben mit Hund: Susi – mein Riesenschnauzer-Mischling blieb überall wie hingegossen sitzen bzw. liegen. Selbst vor dem Supermarkt saß sie so brav und still, dass ich manchmal fast vergessen hätte, sie wieder mitzunehmen.

Als Hund eine Katastrophe, aber als Mensch unersetzlich!

Johannes Rau, achter Bundespräsident
der Bundesrepublik Deutschland,
über seinen Zwergschnauzer Scooter,
nachdem dieser ihn umgerannt hatte.

Ein Geschenk des Himmels

Auch in der hohen Politik können Hunde eine wichtige Rolle spielen, wie die folgende Geschichte zeigt. Aber der Reihe nach:

Es gibt ja viele Wege, auf den Hund zu kommen. Manchmal wird die Anschaffung lange und sorgfältig geplant. Das ist der Idealfall.

Manchmal wird man von Freunden gebeten, nur einmal ein Wochenende auf ihren Hund aufzupassen, und plötzlich möchte man den „Dackelblick" nie mehr missen, möchte die „Leihgabe" nie wieder hergeben. Meist ist der Weg dann nicht weit zum wohlverdienten „Ersthund".

Manchmal läuft einem einer zu – auch das ist mir schon mehrfach passiert. Wie zum Beispiel bei „Lumpi" – den ich herrenlos am Flughafen von Wien gefunden habe.

Und manchmal bekommt man einen Hund einfach geschenkt!

So wie in der folgenden Geschichte, die mich sehr fasziniert hat. Sie ist eigentlich unglaublich, wenn man bedenkt, wann sie spielt: nämlich zur Zeit des „Eisernen Vorhangs". Den kennen wir Künstler sonst von der Oper oder vom Theater her – als Feuerschutz zwischen der Bühne und dem Publikumsbereich. Ich meine jetzt aber den, der Anfang der 60er-Jahre die Menschen zwischen Ost und West getrennt hat. Währen des Kalten Krieges also.

Am 19. August 1960 startete die Rakete Sputnik 5 mit zwei kleinen Mischlingshunden ins All. Sie hießen Strelka (russisch für „Kleiner Pfeil") und Belka (russisch für „Eichhörnchen").

Nach sage und schreibe 18 Erdumrundungen in einer Bahnhöhe von 306 bis 330 Kilometern glückte etwas, was bisher noch nie möglich gewesen war: Beide Hunde kehrten am nächsten Tag lebend und unversehrt zur Erde zurück.

Bei einem der Hunde, Strelka, zeigte sich schnell, dass sie durch ihren Ausflug ins All tatsächlich keinerlei gesundheitliche Schäden davongetragen hatte. Denn einige Zeit später brachte sie sechs gesunde Junge zur Welt. Wobei ich anmerken möchte, dass die Hunde nicht im All gezeugt wurden, ganz einfach, weil ja zwei Weibchen an der Mission teilgenommen hatten.

Nun gab es also bei Strelka – die inzwischen eine Art russischer Staatshund war – sechs Nachkommen. Und wie so oft stellte sich auch bei diesem Heldenhund die Frage: Wo geben wir die sechs kleinen Knäuel hin?

Jetzt hatte kein Geringerer als der russische Staatschef Nikita Chruschtschow eine Idee. Er machte einen dieser Welpen zum russisch-amerikanischen Staatsgeschenk!

Bei seinem offiziellen Amerikabesuch im Jahre 1961 schenkte Nikita Chruschtschow der amerikanischen Präsidententochter Caroline Kennedy einen dieser Welpen. Er trug den schönen Namen Pushinka. Sie können sich vorstellen, wie groß die Freude bei der damals vierjährigen Caroline war. Auf jeden Fall war das Eis gebrochen.

Die kleine Pushinka hatte auf einen Schlag mehr für die russisch-amerikanische Freundschaft getan als tausend runde Verhandlungstische vorher!

Aber damit ist die Geschichte noch nicht zu Ende. Denn aus der russisch-amerikanischen Freundschaft wurde mehr. Es wurde Liebe!

„Pushinka" verliebte sich kurzerhand in einen der Rüden, die damals im Weißen Haus lebten, einen Welsh Terrier mit Namen „Charlie".

Auch diese Liebe trug Früchte: Mit ihm bekam sie vier Welpen: Butterfly, White Tips, Blackie und Streaker. Ein Happy End, wie es sonst nur Hollywood hinbekommt. Aber diese Liebe hat es tatsächlich gegeben – im Weißen Haus.

John F. Kennedy erfand für diese besondere Nachkommenschaft sogar einen neuen Rassennamen. Er nannte die vier russisch-amerikanischen Mischlinge in Anlehnung an die legendäre russische Raumfähre scherzhaft: die „Pupniks"!

Bei Lucy ging – wie man unschwer erkennen kann –
immer die Post ab!

*Der eigene Hund macht
keinen Lärm, er bellt nur.*

Kurt Tucholsky

Tierisches Schnarchen

Sie kennen das. Sie sind hundemüde und wollen nur noch schlafen. Doch neben Ihnen wird meterweise Holz gesägt. Das Schnarchen ist das unterschätzte Problem in den Schlafzimmern dieser Welt.

Bei mir ist es eigentlich nur einer, der mich um den Schlaf bringt: Willi! Er ist ein französischer Bully – heißt mit vollem Namen „Virgile des Bojulia", aber er benimmt sich nicht so vornehm.

Nein, er ist ein Kerl, wie er im Bilderbuch steht: Kaum nickt er ein, träumt er wohl von einem Fußball, mit dem er spielen kann – und schon beginnt die Kreissäge. Es ist nicht zum Aushalten, das Schnarchen.

Aber auch sonst fallen mir die geschlechtertypischen Merkmale bei ihm auf: Wenn Handwerker im Haus sind, rennt Willi tatsächlich überall mit hin, würde am liebsten den Fußboden selbst verlegen und hat alle Werkzeuge fest im Griff – nämlich in seinem Maul. Alles Technische fasziniert ihn.

Wendy, meine zierliche Bullydame dagegen interessiert sich dafür überhaupt nicht. Und glauben Sie mir, ich habe die beiden nicht unterschiedlich erzogen. Witzig, dass es bei Hunden auch solche Unterschiede zwischen Männlein und Weiblein gibt.

Genauso beim Schnarchen: Wendy ist nicht zu hören – Willi rasselt, was das Zeug hält. Ich habe schon alles probiert, nichts hilft bei ihm. Gut zureden – kein Erfolg. Wenig Essen am Abend – kein Erfolg. Selbst eine Operation des Gaumensegels, die bei französischen Bulldoggen sowieso manchmal unerlässlich wird, weil sie schlecht Luft kriegen, half schnarchtechnisch bei Willi überhaupt nicht.

Da ich auch bei Hunden auf die Wirkung der Homöopathie schwöre, habe ich mich bei der Heilpraktikerin meines Vertrauens erkundigt. Wir haben schon manches Problem gelöst mit der Kraft der Kügelchen:

Als Willi nach vier Jahren zum Beispiel plötzlich – obwohl er längst stubenrein war – wieder überall auf den Teppichen sein „Geschäftchen" verrichtete, bekam er sein Konstitutionsmittel „Nux Vomica" – und schon bald war das Problem gelöst und wir konnten unsere Teppiche behalten.

Ich habe zum Beispiel auch sehr gute Erfahrungen mit „Arsenicum album" bei schlechtem, verdorbenem Fressen gemacht, „Pulsatilla" bei Erkältungen oder Bindehautentzündungen, „Aconitum" bei Schocksituationen (z.B. Feuerwerk) oder „Arnica" bei Prellungen.

Aber beim Schnarchen versagte selbst die Hahnemann'sche Homöopathie.

Als Ultima Ratio habe ich daher folgende Strategie entwickelt: Es ist Willi strengstens untersagt, sich im Radius von zehn Metern rund um mein Bett niederzulassen. Die Türen sind und bleiben während der Nachtruhe geschlossen. „Wir müssen leider draußen bleiben" – für Willi gilt das – und er hat sich mit den getrennten Schlafzimmern inzwischen angefreundet.

Wendy Musi spielt… dann wird Wendy zum Gesangs-Superstar. Bemerkt habe ich es beim Einsingen. Bei meiner „tihi-tihi-tihiti-Übung" fing sie plötzlich lautstark an mitzusingen. Seither treten wir sogar im Fernsehen immer wieder gerne als sechsbeiniges Duo auf. Hier sind wir zu Gast im NDR bei Moderatorin Bettina Tietjen.

Alfred Biolek, Lucy und ich beim Neujahrskonzert in der Düsseldorfer
Tonhalle, 1990

*Es ist gar nicht so leicht,
ein guter Hund zu sein.*

Andrew de Prisco

Lucy sieht orange

Der Tag, an dem meine Hundedame Lucy in die große Gesellschaft eingeführt wurde, war für mich der Tag, an dem ich mich beinahe vor der gesamten Gesellschaft blamiert hätte. Und daran hatte Lucy einen nicht geringen Anteil.

Es war beim Neujahrskonzert in der Düsseldorfer Tonhalle 1990. Alfred Biolek führte damals durch das Programm. Vor meinem Auftritt unterhielten wir uns und als er – selbst großer Hundefreund – hörte, dass ich Lucy mit in meiner Garderobe hatte, schlug er vor, sie nach meiner ersten Arie auf die Bühne zu holen.

Gesagt, getan. Allerdings nicht ohne Lucy anzukündigen wie einen Superstar. Das ist das Markenzeichen Bioleks: Jeder Gast bekommt eine meisterhafte Eloge, wird gefeiert.

Das Publikum muss währenddessen gedacht haben, gleich kommt ein Weltstar des klassischen Fachs auf die Bühne, so überschwänglich beschrieb Biolek den nun auftretenden Gast.

Gespannt folgte das Publikum dem Lichtspot auf der Bühne, um dann in schallendes Gelächter auszubrechen, als meine kleine Lucy freudig auf Alfred Biolek und mich zustürmte.

Meiner Meinung nach hätte sie sich dabei ruhig ein wenig zurückhaltender benehmen können – aber Lucy wurde innerhalb von Sekunden zur berühmt-berüchtigten „Rampensau" und nahm die Huldigungen freudig entgegen.

Sie genoss sichtlich den Applaus – das Biest. Schließlich wusste Lucy nur zu genau, was vor wenigen Minuten in der Garderobe passiert war.

Rückblende: Während ich mich für diesen Auftritt in der Garderobe einsang, tat sich Lucy an ihrem Fressen gütlich. Es gab Hühnchen, ihr Leibgericht.

Danach streifte sie durch die Garderobe, wahrscheinlich auf der Suche nach einem schönen Platz für ein Verdauungsschläfchen. Ich kümmerte mich nicht mehr um sie, da ich mich voll aufs Einsingen konzentrierte.

Plötzlich muss sie etwas gefunden haben, was sie faszinierte. Es war so duftig, so leicht, so wunderbar orange. Und man konnte herrlich damit spielen.

Zum Beispiel konnte man es von links nach rechts tragen, konnte es zerknuddeln und mit den Krallen aufs Schönste bearbeiten. Man konnte sein verschmiertes Schlabbermäulchen daran abwischen. Und zu guter Letzt konnte man es wunderbar zu einem Nestchen zusammenschieben und es sich so richtig bequem machen. Köpfchen drauf und gute Nacht...

Auf meinem AUFTRITTSKLEID!

Als ich mein orange farbenes Tüllkleid anziehen wollte, fand ich darauf eine glückselig schlummernde Lucy.

Meine Hoffnung, man müsste es nur etwas ausschütteln, erstarb sofort, als ich Lucy unsanft herunterschob und das ganze Ausmaß der Verwüstung zu sehen bekam.

Mein Kleid war komplett zerdrückt und man konnte die Menüfolge von Lucys Mittagessen direkt ablesen: Hühnergeschnetzeltes mit feinen Erbsen und glasierten Möhrchen!

Jetzt hatte ich mit Lucy im wahrsten Sinne des Wortes ein Hühnchen zu rupfen: ich schimpfte sie lauthals, war hundsmäßig sauer.

Ich sah rot, weil Lucy orange gesehen hatte!

Sie hatte sich dann sofort schuldbewusst in eine Ecke verzogen, in die mein Schimpfen nicht ganz so laut drang.

Aber meine wichtigste Frage war: Was nun? Wie sollte ich so schnell Ersatz finden?

Denn bis zum Auftritt waren es nur noch 20 Minuten. Fieberhaft dachte ich nach. Theater-Fundus? Straßenkleidung? Nackt auf die Bühne?

Von letzterer Vision zur Eile getrieben, durchstöberte ich meinen Koffer und fand glück-licherweise einen dunklen Hosenanzug, den ich eigentlich für einen anderen Anlass einge-packt hatte.

Als ich mich im Spiegel darin betrachtete, kam Lucy hervor, stupste mich selbstbewusst an, als wollte sie sagen: „Der Hosenanzug sieht doch viel besser aus als das orange Ding. Sei froh, dass ich Dir so uneigennützig und professionell bei der Kleiderwahl geholfen habe...!"

Noch immer wütend, würdigte ich sie allerdings keines Blickes und rauschte zu meinem Auf-tritt ab.

Doch als wir beide dann später gemeinsam auf der Bühne mit Alfred Biolek standen und sie mich so stolz anschaute, konnte ich ihr natürlich nicht länger böse sein. Und orangefarbene Abendkleider habe ich von da an einfach immer oben auf den Schrank gelegt!

Suchbild: Finden Sie Ophelia: Kleiner Tipp: Sie erkennen sie an ihrem Hund! Aus der Hamlet-Aufführung am Staatstheater Karlsruhe 1998 – mit André Cognet und mir, unter der Regie von Thomas Schulte-Michels.

*Von einem Hund kann man
unmöglich verlangen, dass er
aufs Essen aufpasst.*

Unbekannt

Schnitzeljagd in Versailles

Mitte der Achtzigerjahre fuhr ich nach Versailles zu einer Rossini Gala, die weltweit übertragen wurde. Claudio Abbado dirigierte, ich trat dort mit Größen wie Francisco Araiza und Montserrat Caballé auf.

Mir ist diese Gala auch deshalb in besonderer Erinnerung, weil ich dort mit einem besonderen Hund war. Mit Jenny. Ein Mischling, den ich sehr ins Herz geschlossen hatte – und öfter auch auf Reisen mitnahm.

Ich kam in Paris ein paar Tage vorher an, um mich wie üblich in Ruhe vorzubereiten und relaxed zu den Proben erscheinen zu können.

Ich wohnte im „Trianon Palace", einem wunderbaren Hotel, das direkt an den Schlosspark von Versailles angrenzt. Keine schlechte Lage also, man war nur einen Katzen-, pardon Hundesprung vom majestätisch daliegenden Schloss entfernt.

Da das Wetter sehr frühlingshaft war, nutzte ich zwei Tage vor der Gala die Gelegenheit, mich bis zur Probe um 17 Uhr auf eine Parkbank zu setzen und den Klavierauszug zu studieren. Kaiserwetter im Ambiente des Sonnenkönigs, herrlich!

Jenny war auch ganz in ihrem Element, aber nicht, weil sie das UNESCO Weltkulturerbe Versailles so genoss, sondern weil es dort allerlei Kleinvieh zu jagen gab. Da eine Taube verscheuchen, dort ein Eichhörnchen aufstöbern oder sich mit anderen Hunden messen. Der ganz normale Wahnsinn eben.

Da die Rossini Gala doch von einiger Wichtigkeit für meine Karriere war, bekam ich von Jennys Eskapaden immer weniger mit – zu sehr war ich inzwischen in meine Musik vertieft.

Als ich einige Augenblicke später, es können aber auch einige Minuten gewesen sein, aufblickte – war Jenny weg. Zu meinem großen Entsetzen konnte ich sie nirgends mehr sehen.

Natürlich war ihr Radius in diesen unglaublich großzügig gestalteten Schlossanlagen größer, aber dass sie außer Sichtweite war, das kam mir sehr spanisch, in diesem Falle französisch vor.

Ich sprang auf und schaute mich überall um. Und rief natürlich: „Jeeennny?!" Weit und breit tauchte allerdings keine Jenny auf. Nun sind meine Hunde so erzogen, dass sie nicht einfach weglaufen. Daher wusste ich, es musste schon etwas Besonderes passiert sein.

Also ging ich, nachdem ich eine Weile dort planlos umhergeirrt war, schnellen Schrittes in Richtung Hotel zurück. Vielleicht hatte sich ja Jenny gedacht, sie geht schon mal vor.

Aber auch auf diesem Weg keine Spur. Im Hotel angekommen, fragte ich sofort, ob das Personal dort meinen Hund gesehen oder bemerkt hatte. Leider verneinten alle. Jenny war nicht gesehen worden.

Langsam machte ich mir wirklich Sorgen – denn das war, wie gesagt, sehr untypisch für sie. Und der Blick auf die Uhr stimmte mich nicht fröhlicher. In exakt 27 Minuten würde meine Probe beginnen. Punkt 17 Uhr. Und Sie können sich vorstellen, Maestro Abbado würde sich über die Ausrede, „ich musste meinen Hund noch suchen" unglaublich freuen…

Rossini-Gala im Schlosstheater von Versailles mit (v.l.n.r.) Montserrat Caballé, Paul Brooks, Marilyn Horne, Francisco Araiza und mir.

Ich rannte wieder zurück zu meiner Bank. Vielleicht war Jenny ja inzwischen zurückgekehrt. Aber auch dort: immer noch keine Spur von ihr. Wo konnte sie nur sein?

Nun musste ich mich entscheiden: Jenny oder Claudio. Stress mit einem Hund oder mit einem der berühmtesten Dirigenten der Welt. Einem der berühmtesten und pünktlichsten Dirigenten der Welt, wie ich hinzufügen möchte.

Vor meinem geistigen Auge sah ich einen verlorenen Hund mitten in Versailles – und einen wütenden Dirigenten mitten im Schlosstheater, in dem die Probe und die Gala stattfinden würden. Beide Bilder in meinem Kopf machten mir keine Freude.

Wie könnte ich beide Probleme auf einmal lösen? Die Krux war, dass ich nirgendwo einen Hund weit und breit sah, der Jenny auch nur ähnlich sah. Und dass ich in 22 Minuten den Taktstock von Abbado sehen sollte. Und ich wollte dort in aller Ruhe erscheinen – und einen überaus professionellen Eindruck vermitteln.

Also weitersuchen. Wo könnte sie noch sein? Hinter jedem Baum vermutete ich sie, rief ständig laut nach ihr.

Ich lief intuitiv in Richtung des Schlosstheaters. Dort kam ich an der Schlossküche vorbei, die das Catering für diesen Event übernommen hatte. Moment, die Schlossküche – schoss es mir durch den Kopf – das könnte die Lösung sein. Fragen Sie mich bitte nicht, warum ich das dachte, es war einfach so.

Ich klopfte dort an eine kleine Holztür. Nach längerem Warten öffnete ein Koch. Typisch Franzose mit einem Moustache und einem Saucentopf locker rührend in der Hand. Ich fragte ihn, ob er einen kleinen Hund mit schwarz-braunem Fell gesehen hätte.

Der Koch lächelte mich äußerst charmant an: „Madame, normalerweise dulden wir in einer Küche keinen Hund – aber er hier sah so verloren aus, da haben wir ihn hier vorne am Eingang gelassen, bis der Besitzer sich melden würde. Und ich muss Ihnen sagen, er war ganz scharf auf unsere Schnitzel Wiener Art, die wir hier im Catering als internationale Spezialität vorbereitet haben."

Jenny, mein kleiner Dackel-Mischling, hier im zarten Alter von drei Monaten. Benannt nach der „schwedischen Nachtigall" Jenny Lind (1820-1887). In Versailles hat sie mich ganz schön auf Trab gehalten.

Tatsächlich – Jenny war in der Schlossküche von Versailles. Die kleine verwöhnte Dame war also ihrer Nase nachgegangen – schnupperte bestes österreichisches Essen aus der Heimat und beschloss dann einzukehren. Bei den Preisen dort...

Ich war völlig perplex, dass ein Hund in einer Küche so freundlich aufgenommen wurde und stammelte, dass ich jetzt schnell zur Probe ins Schlosstheater müsse – bedankte mich mehrmals und drückte dem Koch in einem Reflex 200 Francs in die Hand. „Hier – fürs Essen!", sagte ich.

Da lächelte der Koch wieder und sagte: „Madame, für die Schlossküche war es eine Ehre, Ihren Hund bei uns zu Gast zu haben. Das Geld behalten Sie bitte – aber kommen Sie doch bald zum Essen vorbei!"

Ich bedankte mich wieder und rannte mit Jenny – 17 Minuten vor Probenbeginn – im Dauerlauf zum Hotel zurück. Dort zog ich mich in Windeseile um, setzte Jenny aufs Sofa und schärfte ihr ein: „Wenn Du Dich nur einen Millimeter von diesem Sofa wegbewegst – dann landest Du im Kochtopf der Schlossküche!"

Ob Jenny das verstanden hat, weiß ich nicht. Mein Gesichtsausdruck muss aber so gewesen sein, dass Sie wusste: Jetzt heißt es, die vier Beinchen absolut still zu halten.

Unten wartete bereits der Fahrer auf mich, der mich seit Minuten verzweifelt suchte. Warum hat er mich nicht einfach auf dem Handy angerufen?, werden Sie jetzt denken. Ganz einfach, weil Mitte der Achtzigerjahre noch nicht die Zeit war, in der jeder den elektronischen Faustkeil bei sich hatte.

Wir brausten los und ich übertreibe nicht, wenn ich sage, dass wir eine Minute vor Beginn der Probe ankamen. 16 Uhr 59!

Ich hetzte in die Probe – und ließ mir natürlich nichts anmerken. Aber mein Herz klopfte so schnell wie selten. Dennoch war ich glücklich: Jenny war wieder da – Claudio Abbado hatte mich pünktlich vor seinem Probenpult, ich durfte mit den Besten der Welt singen und hatte schon das perfekte Lokal fürs Abendessen. Was will man mehr!

Ein echter Abstauber: Jack Russell „Karl-Friedrich" war auch im Haushalt eine große Hilfe!

„Karl-Friedrich" –
der Bildungsbürger.
Hier erschöpft nach der Lektüre von
25 Bänden Brockhaus.

Ein Leben ohne Mops ist möglich,
aber sinnlos!

Loriot (Vicco von Bülow)

Ein Mops in New York

Im September 2007 hatte ich mein Debüt in der Carnegie Hall in New York. Für jeden Musiker Traum und Ziel einer Karriere. Dieses großartige Haus. Diese herausragenden Künstler auf und hinter der Bühne. Der hohe Anspruch des Publikums.

Zuhause hatte ich dementsprechend meine Übe-Einheiten deutlich erhöht und reiste einige Tage vorher an. Dass ich bald schon keinen Gedanken mehr an mein Konzert verschwenden sollte, konnte ich bei meiner Ankunft im Big Apple noch nicht ahnen.

Am Tag vor dem großen Event war ich nach den Proben doch ein wenig erschöpft – aber wenn ich in einer Stadt bin, dann will ich sie auch mit allen Sinnen erleben. Will die Geschichte und die Geschichten des Ortes kennenlernen, schaue mir auch gerne Ausstellungen, Kirchen an – oder setze mich einfach in ein Café, um den viel zitierten Puls der Stadt zu spüren. Also entschloss ich mich spontan, New York unsicher zu machen. Unsicherer, als es ohnehin schon ist.

Zuerst wanderte ich den Broadway an der City Hall vorbei Richtung Ground Zero. Ein Ort, den man nicht gesehen, sondern gefühlt haben muss. Nachdenkliche Minuten später ging ich weiter. Da ich meine Füße bereits im Konzert mit 15 Zentimeter hohen Schuhen malträtieren würde, beschloss ich, alles weitere nicht per pedes, sondern per U-Bahn zu erkunden.

Als ich unten in der Subway ankam, merkte ich bereits erfreut, dass im New Yorker Trubel meine ganze Anspannung vor dem großen Konzert am nächsten Abend komplett verflogen war.

So fröhlich gestimmt, lehnte ich mich gegen einen Pfeiler der Station „Cortlandt Street" und beobachtete die Leute um mich herum. Ein buntes Völkchen: Business-Men im dunklen Anzug, Rapper mit dicken Jacken, eine tätowierte Frau, auf deren Arm so viel stand wie in einer zwölfbändigen Enzyklopädie… Menschen aller Abstammungen. Der Melting Pot eben – und ich als Österreicherin noch das i-Tüpferl obendrauf.

Besonders fiel mir eine ältere, gepflegte Dame auf, die ein paar Meter neben mir stand und auch auf die U-Bahn wartete. Sie hatte einen jungen Mops in einer Tasche und suchte anscheinend verzweifelt irgendetwas in ihrer anderen Tasche. Immer wieder sprach sie zu ihrem Möpschen, aber wegen des Lärms konnte ich nicht verstehen, worum es ging.

Seit ich weiß, dass die Universalbeliebtheit Loriot immer Möpse um sich hat, finde ich sie noch lustiger, als sie ohnehin schon sind. Vielleicht kennen Sie das auch: einem Hund zuzuschauen, was er macht, kann einem jede noch so lange Wartezeit wunderbar vertreiben.

Einige Minuten später fuhr meine U-Bahn Linie ein. Die Türen öffneten sich, ich stieg ein und blickte ein letztes Mal zu der älteren Dame und ihrem Mops, der mittlerweile in seiner Tasche auf dem Boden stand.

Der Hund muss offensichtlich im U-Bahn-Abteil von einem Jungen mit seinem Ball so fasziniert gewesen sein, dass er mit einem Satz plötzlich in den Waggon hopste - zwischen die sich gerade schließenden U-Bahn-Türen. Die Frau am Bahnsteig schrie auf und schon fuhren wir los.

Ich war wie erstarrt, klopfte ans Fenster und erhaschte einen letzten Blick auf ihre vor Schreck weit aufgerissenen Augen. Dann sah ich im Glas nur noch mein Spiegelbild.

Im Big Apple ist alles aufregend. Vor allem, wenn man in der New Yorker Subway plötzlich einen fremden Mops auf dem Arm hat.

Tausend Gedanken gingen durch meinen Kopf. Was sollte, was konnte ich jetzt tun?

Ich ging in die Hocke und schaut mich angestrengt im voll besetzten U-Bahn Waggon um. Und da saß er plötzlich, der kleine Mops. Zitternd wie Espenlaub, zwischen all den fremden Beinen. Ich lockte ihn zu mir und nahm ihn auf den Arm. Das kleine Bündelchen blickte mir herzzerreißend in die Augen, so als wollte es sagen: „Bitte setz mich nicht wieder runter, sonst bin ich verloren."

Jetzt galt es, ruhig zu bleiben. Ich versuchte mich in die ältere Frau hinein zu versetzen. Was würde sie jetzt tun?

Am logischsten erschien mir, dass sie in ihrer Verzweiflung auf dem Bahnsteig auf- und abgehen und im ersten Schreck nicht wissen würde, was sie tun sollte.

Das war meine Chance! Ich musste sofort aussteigen und die nächste Subway zurück zur Cortland Street nehmen. Da würde ich sie garantiert noch antreffen...

Gedacht, getan. Den kleinen Mops fest an mich gedrückt, stieg ich in Rector Street aus und nahm sofort die nächste U-Bahn zurück.

In insgesamt weniger als fünf Minuten stand ich wieder am Ausgangspunkt – und schaute mich um. Wo war Frauchen? Irgendwo war sie doch sicher und wartete. Doch ich hatte mich geirrt. Ich rannte auf und ab – aber die ältere Dame war wie vom Erdboden verschluckt.

Ich setzte den kleinen Mops auf den Boden, vielleicht konnte er ja Fährte aufnehmen. Aber er blieb an mein Bein gepresst neben mir stehen.

Was jetzt? Meine erste Theorie war also falsch. Das sind die Momente, wo „Plan B" ins Spiel kommt. Kommissare wissen dann immer sofort, was richtig ist. Aber ich hatte kein Drehbuch – ich musste in der Realität selbst überlegen. Und das möglichst schnell. Für mich konnte das dann nur eines bedeuten: Sie war uns so schnell wie möglich nachgefahren und wartete an der nächsten Station.

Ich nahm die einfahrende U-Bahn Richtung Rector Street. Sobald die Station auftauchte, suchte ich mit Blicken den ganzen Bahnsteig ab. Aber da dort nur wenige Leute standen, sah ich sofort, dass sie nicht dabei war.

Also – weiterfahren. Es war unsere einzige Chance. Ich kraulte den kleinen Mops, der immer noch zitterte. Fieberhaft suchte ich an seinem Halsband nach einer Adresse oder einem Namen. Nichts.

Und natürlich schießt einem da schon durch den Kopf, dass man eine ältere Dame ohne Namen unter 19 Millionen Einwohnern nicht gerade leicht wiederfindet.

Jetzt tauchte die Station Franklyn Street aus dem Dunkel auf. Links, nichts. Rechts, nichts. Und da, endlich sah ich die ältere Dame von hinten. Sie eilte zur Rolltreppe.

Schnell drängelte ich mich an den anderen Fahrgästen vorbei zur Tür und sprang auf den Bahnsteig: „Hello! Madam", rief ich, „the pug and me – we are here!" Alle drehten sich um, dachten wahrscheinlich, was will die denn? Leider dachte das auch die Frau, denn es war eine völlig andere Dame.

Der Mops und ich sahen uns an. Würden wir sein Frauchen jemals wiederfinden? Sein Glaube an mich schien zu sinken, ich bildete mir ein, dass er mich jetzt sehr skeptisch musterte.

Ich überlegte: Es gab jetzt nur die Möglichkeit, jede Station dieser Linie abzufahren und zu beten, dass die ältere Dame irgendwo ausgestiegen war.

„Wir müssen es schaffen", sagte ich zu meinem Möpschen und komischerweise sah er mich aufmerksam an. Verstand er Deutsch?

Wieder in der U-Bahn, musste ich mich erst einmal setzen, denn plötzlich merkte ich, dass meine Knie ganz schön zitterten. Nächste Station Canal Street, wieder los – raus auf den Bahnsteig, kurz geschaut, nichts gefunden, wieder hinein in die U-Bahn.

Bis zum Herald Square waren der Mops und ich schon leicht verzweifelt. Am Times Square wollte ich gerade wieder in die U-Bahn einsteigen, da fing der Mops plötzlich laut zu winseln an. Ich schaute mich um – und tatsächlich zusammengesackt auf einer Bank saß die ältere Dame. Mir fiel ein Stein vom Herzen! Mit dem Mops unter dem Arm rannte ich auf sie zu. „Ma'am", rief ich, „Ma'am, we are here!"

Ich habe selten einen glücklicheren Menschen gesehen als die ältere Dame. Was war das für eine Freude! Lachen und Weinen mischten sich bei ihr – und sie gab dem Mops unzählige Küsse auf seine kleine faltige Nase.

Dann erst wandte sie sich mir zu. Ich sah, dass sie älter war, als ich gedacht hatte, vielleicht so um die achtzig.

Ihre blauen Augen blickten mich jetzt strahlend an: „How can I ever thank you?" fragte sie mich und nahm meine Hand. "I thought I lost her forever, my little Josie."

Ich stutzte. War das die Aufregung oder vernahm ich da einen leichten Akzent – einen österreichischen Akzent?

„Entschuldigen Sie", fragte ich auf Deutsch, „sind Sie aus Österreich?"

Ungläubig starrte sie mich an und drückte ihren Hund fest an sich. „Das darf ja nicht wahr sein", hauchte sie. „Ich habe seit 30 Jahren kein Deutsch mehr gesprochen."

Esther war kurz nach dem zweiten Weltkrieg mit ihrem Mann ausgewandert und nie wieder zurückgekehrt. Wir plauderten ein paar Minuten und ich erzählte ihr natürlich, dass ich morgen Abend in der Carnegie Hall einen Auftritt hatte. Noch dazu mit einem sehr passenden, österreichischen Programm: mit Walzern von Johann Strauß.

Ich versprach ihr, eine Karte für den morgigen Abend zu hinterlegen. Dann drückte ich Josie einen Kuss aufs Ohr und fuhr zurück in mein Hotel. Denn ein paar Takte Ruhe konnte ich jetzt doch gebrauchen.

Mein Debüt in der Carnegie Hall, 2007 in New York

Der nächste Abend war ein ganz besonderer Abend. Das Konzert in der Carnegie Hall war ein unvergessliches Erlebnis für mich. Immer wieder musste ich zwischendurch an die ältere Dame denken und hoffte, dass sie meine Einladung angenommen hatte.

Doch so sehr ich auch schaute, ich konnte sie nirgends im Publikum erspähen. Nach dem Konzert war ich umringt von vielen Zuschauern, die Fotos machen wollten oder um ein Autogramm baten. Es waren interessanterweise viele Deutsche und Österreicher im Konzert, die seit Ewigkeiten in New York leben – und natürlich die Musik ihrer Heimat besonders genossen hatten. Das hat mich unglaublich gefreut.

Nach dem erfreulichen Gratulationsmarathon ging ich in meine Garderobe. Keine Minute später klopfte es. Es war Esther. Was für eine Freude. Sie war doch da!

Esther sagte: „Danke für Ihre Einladung, ich habe den Abend sehr genossen. Sie waren wunderbar! Leider hab ich nicht viel Zeit, denn die kleine Josie soll nicht so lange alleine bleiben, sie ist ja erst zehn Monate alt!"

Ich hatte jedes Verständnis. Und dann zauberte sie plötzlich aus ihrer Handtasche eine kleine Schachtel.

„Ich habe Ihnen etwas gebacken. Einen kleinen Topfenstrudel nach unserem original Familienrezept. Ich weiß doch, wie wir Österreicher im Ausland unsere Mehlspeisen vermissen!"

Ich war sehr gerührt – drückte Esther herzlich – und schon war sie auch verschwunden.

Wenn Sie einmal in der New Yorker U-Bahn fahren und eine ältere Dame mit einem Mops sehen, der auf den Namen Josie hört, dann grüßen Sie beide bitte ganz herzlich von mir.

Lucy bei der Internationalen Hundeausstellung in Tulln.

Sie erreichte den 1. Platz! Von immerhin zwei Mitbewerbern!

Wer einen Hund besitzt,
der ihn anhimmelt,
sollte auch einen Kater haben,
der ihn ignoriert.

Volksweisheit

Wie man einen Hund zum Schnurren bringt…

Wenn Hund und Katz aufeinandertreffen, ist das normalerweise der Beginn einer wunderbaren Feindschaft. Von den Bremer Stadtmusikanten vielleicht einmal abgesehen....

Dass es aber auch im richtigen Leben ganz anders kommen kann, zeigt eine Geschichte, die ich vor Jahren mit einer guten Freundin und deren Pudeldame Sissi erleben durfte.

Sissi war ein bezaubernder weißer Pudel. Sie war herzlich, liebevoll und lachte viel. Ja, tatsächlich: sie lachte!

Und das sogar zu den richtigen Anlässen. Wenn man sie zum Beispiel für ihre Schönheit lobte, zog sie zuerst die Lefzen nach hinten, dann strahlte sie einen an und begann mehrmals hintereinander kräftig zu niesen. Wahrscheinlich eine Verlegenheitsreaktion wegen zu viel Anerkennung.

Ihre zweite Besonderheit war ihre, nun ja, ich möchte es einmal „starke Zuneigung" zum anderen Geschlecht nennen.

Auf gut Deutsch: Sissi war beinahe immer schwanger!

Aber da es sich meist um ganz reizende kleine Welpen handelte, ließ meine Freundin es zu und brachte auch immer alle Hundebabys an guten Plätzen unter.

Doch eines Tages gab es bei Sissi Nachwuchs ganz anderer Art – ihr Frauchen war auf die Katz gekommen.

Während eines Urlaubs in der Steiermark hatte ihr die Vermieterin ihrer Ferienwohnung so lange ein kleines, aus dem Wurf übrig gebliebenes Kätzchen ans Herz gelegt, bis sie nicht mehr Nein sagen konnte.

Das Kätzchen hieß Franz. Meine Freundin nahm den Kater mit nach Hause und er zog bei ihr ein. Und so begann die Geschichte von Sissi und Franz einmal ganz anders.

Am nächsten Tag besuchte ich meine Freundin. Schon nach den ersten Minuten bekam ich von Sissi einen verzweifelten Blick, der sagen wollte:

Sind das jetzt die Schicksalsjahre einer Kaiserin?

Mit anderen Worten: Sissi war wie alle Hunde keine große Katzenliebhaberin.

Sissi war beleidigt. Sie sollte ihr Zuhause nun also mit so einem maunzenden Fellknäuel teilen? Das komische Geräusche von sich gab und überall herumkletterte?

Das Duell Hund versus Katze stand vor seinem Höhepunkt! Sissi gegen Franz! Doch bevor Kaiserin Sissi es sich so recht überlegen konnte, wie sie mit der neuen Situation umgehen sollte, wurde ihr die Entscheidung einfach abgenommen.

Der kleine Franz tapste auf Sissi zu und stupste mit seinem Näschen gegen ihre Beine.

Sissi, geübte Mutter, die sie war, legte sich hin und verhielt sich ganz still.

Und da kuschelte sich der kleine Franz an ihren Bauch und – schnappte sich einfach eine ihrer Zitzen.

Ruckartig hob Sissi den Kopf. Das war nun doch etwas dreist. Schließlich war es bereits Wochen her, dass sie zuletzt Babys gehabt hatte.

Die Milch war längst versiegt. Doch das schien das kleine Katerchen nicht im geringsten zu stören. Selig nuckelte Franz vor sich hin und massierte Sissis Bauch mit seinen winzigen Pfötchen.

Meine Freundin und ich standen daneben, beobachteten das Schauspiel fasziniert, aber auch ein bisschen wehmütig. Offensichtlich war das Katzenbaby zu früh von seiner Mutter weggekommen – es brauchte noch Milch.

Aber woher nehmen? Sissi hatte keine mehr, das würde das Katzenkind bald selbst merken – und Sissi würde es bald zu viel werden.

Doch überraschenderweise verjagte Sissi das Kätzchen auch am nächsten Tag nicht. Es blieb, wo es war, an ihrem Bauch, und bemühte sich weiter.

Und siehe da, nach einigen Tagen schoss bei Sissi tatsächlich die Milch wieder ein!

Ein Hund säugte mit Hingabe ein Katzenkind!

Sissi & Franz im Glück. Wir konnten es nicht fassen!

Wir sahen auf dieses ungleiche Paar, das da im Körbchen lag: eine elegante weiße Pudeldame und ein kleines gestreiftes Katerchen.

So hat die Pudeldame Sissi einem kleinen österreichischen Franz in die Welt geholfen. Und beide wurden beste Freunde.

Viel später noch, als das Kätzchen längst ein prächtiger Kater war, kam Franz morgens oft von seinen nächtlichen Streifzügen zurück und sein erster Weg führte ihn ins Hundekörbchen.

Dort widmete er sich zuerst majestätisch und mit Hingabe seiner Körperpflege, bevor er sich ganz klein machte, um sich eng an seine „Mami" zu schmiegen und leicht mit den Pfoten ihren Bauch zu massieren.

Und ich meinte, für einen Moment lang ein Schnurren bei Sissi zu hören. Bei einem Hund!

Seit ihrem erfolgreichen Auftritt in der „Regimentstochter" von Donizetti in Straßburg trägt Wendy – übrigens links im Bild – nur noch rosa!

Mein erster Hund hieß Astor, war ein Labrador-Mischling. Und ich war das glücklichste Kind der Welt.

Wer nie einen Hund gehabt hat,
weiß nicht, was Lieben
und Geliebtwerden heißt.

Arthur Schopenhauer

Meine erste große Liebe

Jetzt wird es Zeit, dass ich Ihnen ein bisschen aus meiner frühen Jugend erzähle. Ein wichtiges, zentrales Erlebnis eines jungen Mädchens ist die erste große Liebe. Ich kann mich noch gut erinnern. Es war in Tirol, es war Sommer. Er war blond, hatte wunderschöne braune Augen, ein stattlicher Bursche. Ja, es war Liebe auf den ersten Blick.

Als ich ihn zum ersten Mal sah, war ich hin und weg. Mit meinen acht Jahren wusste ich natürlich noch nicht viel über die Liebe – aber ich hatte Schmetterlinge im Bauch, war überglücklich. Er hatte mich zu sich eingeladen.

Richtig, ins Tierheim. Dort wohnte er, war acht Monate alt, hieß Astor, war ein Labrador-Mischling und für mich der schönste Hund der Welt.

Leider war meine Mutter zunächst mit meiner ersten großen Liebe überhaupt nicht einverstanden. Und das kam so:

Wir hatten zuhause bereits zwei Katzen – Lumpi und Burschi den III. – und meine Mutter wollte partout nicht noch einen Hund obendrein. Alles Jammern und Bitten wurde nicht erhört. Ich bekam einfach keinen Hund. Ich war sehr traurig und begann in meiner Verzweiflung, alle Tiere in meinem Kinderzimmer zu beherbergen, die ich finden konnte:

Spinnen, Würmer, Fliegen, Käfer, ja sogar Mäuse hielt ich als Haustiere.

Sie können sich vorstellen, wie begeistert meine Mutter davon war – aber ich ließ mich nicht davon abbringen und meine Sammlung wuchs jeden Tag um ein herrliches Ekeltier an. Mit Lebendfallen hatte ich schon wieder eine Riesenspinne in mein Reich geholt.

Mein gesamtes Zimmer war ein zoologischer Garten und meine Mutter war fertig mit den Nerven.

Aus heutiger Sicht war es Erpressung – damals habe ich das aber wirklich nur aus Verzweiflung gemacht, um endlich einen Hund zu bekommen.

Nun war die Frage: Wer würde gewinnen: die Spinnenflüsterin oder die Erziehungsberechtigte?

Meine Mutter hatte ein Einsehen, fasste sich ein Herz und holte mit mir einen Hund. Meine Freude hätte nicht größer sein können.

Ich war im siebten Hunde-Himmel!

Ich fiel meiner Mama um den Hals und war wochenlang nicht mehr ansprechbar. Jede freie Minute verbrachte ich mit Astor. Meine erste große Hunde-Liebe war ein toller Hund: er war fröhlich, sensibel, genügsam und anschmiegsam. Und das kann man nicht von jeder ersten Liebe behaupten!

Der Hund ist der sechste Sinn
des Menschen.

Christian Friedrich Hebbel

Mein Anton aus Tirol

Karl-Friedrich – ein Jack Russell Terrier – war ein sehr schöner Hund. Da sich „Karl-Friedrich" aber so schlecht rufen ließ, nannte ich ihn der Einfachheit halber „Karli". Das hört sich so niedlich an – dabei war er ein ganzer Kerl. Wenn jemand ums Haus schlich, dann schlug er sofort an. Bei allen Postboten des Landes war Karli ein Begriff. Ein eher negativ besetzter Begriff, wie ich anmerken möchte, da er die Lieferung der Briefe stets zu verhindern versuchte.

Auch beim Spazierengehen erwachte jedes Mal sein Jäger-und Sammlertrieb. Kein Vogel, kein Igel, kein Marder, keine Katze war vor ihm sicher.

Sofort war die Jagdsaison eröffnet und Karli rannte allem hinterher, was vier Beine hatte. Oder nicht bei drei auf den Bäumen war.

Große Erfolge erzielte er zum Glück auf der Pirsch nicht, besonders die Katzen-Kontrahenten waren ruckzuck auf dem Garagendach und schauten auf Karli herab, als würden sie sagen: Für uns musst du schon ein wenig höher springen, du kleiner Macho.

Um so überraschender war es, als Karli eines Tages im Wald beim täglichen Spaziergang ganz aufgeregt zu mir kam. Er hatte offensichtlich wieder ein Tier aufgestöbert – aber da er es nicht im Maul hatte, wusste ich, es musste noch irgendwo sein.

Ich beruhigte ihn und dachte mir, naja, der Vogel wird schon wieder über alle Wipfel fliegen. Aber Karli ließ nicht locker und brachte mich zu einer Tanne. Dort sah ich auf einem Ast sitzend ein kleines, süßes Eichhörnchen-Baby, das sich komischerweise nicht von der Stelle rührte, als wir näher kamen.

Karli hatte das Tier gar nicht fangen wollen oder können. Nein, er war sogar ganz besorgt um das kleine Tier. Mein großer Jagdhund hatte ganz offensichtlich die Seiten gewechselt – und war jetzt Retter in der Not. Irgendwie muss er gespürt haben, dass hier ein Tier Hilfe braucht.

Ich schaute mir das völlig verschreckte Eichhörnchen an, es saß da und rührte sich immer noch nicht. Jetzt galt es „Erste Hilfe" zu leisten. Ich wickelte es ganz vorsichtig in meine Jacke und nahm es mit nach Hause. Karli war stets an meiner Seite und beobachtete die Rettungsmaßnahmen aufmerksam.

Ich habe dem Eichhörnchen verdünnte Kondensmilch gegeben (für alle österreichischen Leser heißt das Maresi) – da ich irgendwo gelesen hatte, dass Eichhörnchen das gerne trinken.

Es schien dem kleinen Baby offensichtlich sehr gut zu schmecken und es blieb zunächst bei uns.

Ich wusste allerdings auch, dass das Eichhörnchen, das ich inzwischen übrigens „Anton" getauft hatte, so nicht durchkommen würde.

Mir fiel ein, dass es im Innsbrucker Alpenzoo eine eigene Eichhörnchen-Aufzucht gibt. Also fuhr ich kurz entschlossen mit Anton dorthin. Ich muss wirklich sagen, dass die Helfer dort einen perfekten Job gemacht haben. Sie kümmerten sich sofort liebevoll um das Eichhörnchen und ich war mir sicher, die richtige Entscheidung getroffen zu haben. Die Pfleger stellten fest, dass Anton unterernährt war, ansonsten aber unverletzt.

Telefonisch erkundigte ich mich täglich nach meinem kleinen Patienten – dem Anton aus Tirol – und ich kann Ihnen sagen, er wuchs und gedieh prächtig.

Schon nach vier Wochen konnte Anton in die Freiheit entlassen werden – und wer weiß, vielleicht hüpft er heute noch durch die Wälder von Tirol!

Das ist Anton aus Tirol. Nicht DJ Ötzi alias Gerry Friedle, sondern ein Eichhörnchen-Baby, das ich Dank der unglaublichen Spürnase meines Hundes Karli retten konnte.

Willi als Welpe. Die frühe und intensive Beschäftigung mit Pflanzen haben ihn geprägt. Er liegt bis heute am liebsten im Blumenbeet.

Man kann auch ohne Hund leben,
aber es lohnt sich nicht.

Heinz Rühmann

Die Hunde-Entführung aus dem Serail

Mozarts Singspiel „Die Entführung aus dem Serail" wurde für mich vor ein paar Jahren in doppelter Hinsicht Realität. Ich wurde nach Istanbul eingeladen, um für eine ganz besondere Opernaufführung zu singen:

Für die „Entführung aus dem Serail" im Serail!

Also am Original-Schauplatz. Ein für mich faszinierendes Erlebnis – denn die Aufführung fand tatsächlich im Innenhof des Yildiz-Palastes statt – mit einem türkischen Star-Ensemble.

Aber die „Entführung aus dem Serail" bekam für mich im Jahr 2004 noch eine zweite, ganz besondere Bedeutung. Ich war mit meinem Hund Wendy von München nach Istanbul geflogen, um dort die Aufführung zu singen. Der Hinflug verlief völlig problemlos – nur beim Rückflug gab es einige Überraschungen.

Als ich am Schalter meiner Fluglinie ankam, sagte mir die Dame, dass der Hund leider nicht mitfliegen könne.

Ich war völlig baff – und auch mein mehr als berechtigter Hinweis, dass ich schließlich den Hund ja schon mit hierher gebracht hatte, schien sie nicht zu interessieren.

Leider sei auf dieser Maschine schon ein Hund gebucht – und ein zweiter sei von den Vorschriften her nicht erlaubt.

Auf meine Frage, was ich denn jetzt machen solle, sagte sie nur lapidar: „Lassen Sie den Hund da – geben Sie ihn in den Frachtraum oder fliegen Sie mit der nächsten möglichen Maschine – und die geht morgen."

Da ich einen sehr wichtigen Termin noch am Abend in München hatte, standen mir inzwischen die Schweißperlen auf der Stirn. Wie sollte ich bitteschön Wendy einfach in Istanbul lassen?

Vielleicht ins Hotel alleine einchecken – oder im Basar am Kebab-Stand anleinen… wobei, da hätte zwar Wendy nichts dagegen gehabt, aber es schien mir nicht die beste Lösung für einen Hund mit sensibler Verdauung.

Auch die Variante mit dem Frachtraum kam für mich nicht in Frage, weil die schlecht klimatisierten Boxen für Bullys mit ihrer Neigung zu Atemproblemen sehr gefährlich werden können.

Ich musste eine schnelle Lösung finden. Nur welche? Die Dame am Schalter ließ sich durch nichts erweichen.

Also entschied ich mich in diesem Notfall für die Variante „Hunde-Entführung aus dem Serail"!

So viel kann ich Ihnen schon einmal verraten: sie kostete mich mehr Nerven als der gesamte Auftritt als Konstanze in der Original-Variante auf der Bühne.

Ich parkte Wendy kurz an einem Flughafen-Trolley und ging zum Check-In an einen anderen Schalter. Dort ließ ich mir meine Bordkarte geben – ohne den Hund zu deklarieren.

Dann holte ich Wendy wieder ab und startete meine ganz persönliche Flughafen-Odyssee: an der Röntgen-Kontrolle setzte ich alles auf eine Karte und ließ Wendy, als ob es das Normalste der Welt wäre, einfach durchgehen. Ich hatte Glück, denn die Sicherheitsbehörden dort wollten keine Bordkarte sehen. Ob der Hund berechtigt war oder nicht, schien ihnen offensichtlich egal zu sein.

Die nächste Hürde wartete am Gate. Mit zitternden Händen gab ich der Dame meine Bordkarte und hoffte, dass sie meinen blinden Passagier nicht entdecken würde. Wendy war in

Die Entführung aus dem Serail – im Serail.
Am Original-Schauplatz in Istanbul.

ihrer Hunde-Tasche – die mit einem Pullover bedeckt war. So fiel die Tarnung hoffentlich nicht weiter auf. Auch hier hatte ich wieder Glück – niemand bemerkte etwas. Aber noch war die Schlacht nicht geschlagen.

Das Flugzeug stand an einer Außenposition – also mussten wir mit dem Bus fahren. Draußen hatte es gefühlte 40 Grad, drinnen dürften es 50 gewesen sein, in meinem T-Shirt wohl noch mehr. Wendy spielte auch hier bei ihrer Entführung in perfekter Weise mit – sie machte keinen Mucks und ich betete inständig, dass sie in der Tasche auch genügend Luft bekommen würde.

Ich schickte einige Stoßgebete zum Himmel, dass wir jetzt nicht an einem kleinen Flieger parken würden, denn dort muss man ja sein Handgepäck abgeben – und dann wäre der ganze Schwindel aufgeflogen. Auch hier ging alles glatt – wir steuerten auf eine große Linienmaschine zu.

Jetzt gings ans Einsteigen. Ich weiß noch heute: Ich hatte Platz 3A – am Fenster. Ich setzte mich so schnell wie noch nie hin, stellte mein wertvolles Handgepäck sofort auf den Boden vor meine Füße und breitete meine Zeitung so groß wie ich nur konnte aus. Ich las vor Aufregung keine einzige Zeile – aber dadurch konnte ich wenigstens bis zum Start die neugierigen Blicke von Stewardessen oder Mitreisenden auf Wendy in der Hundetasche vermeiden.

In der Luft wurde ich langsam ruhiger, denn Wendy war ein vorbildlicher Passagier: ruhig, wollte kein Getränk und schlief durchgehend.

Meine Entführung aus dem Serail stand kurz vor der Vollendung. Nun galt es noch, beim Aussteigen kein Aufsehen zu erregen. Das hätte ich auch fast geschafft, wenn nur nicht mein Sitznachbar beim Aufstehen noch interessiert gefragt hätte: „Was haben Sie denn da Schönes in ihrem Täschchen: ist es ein Hund oder eine Katze?!"

Zum Glück hörte das niemand vom Flugpersonal – ich lächelte ihn an, murmelte etwas von „Anschlussflug" und war schon weg.

P.S. Liebe Airlines dieser Welt: keine Sorge, meine „Hunde-Entführung aus dem Serail" wird ein einmaliges Ereignis bleiben. Die Nerven habe ich einfach nicht…

Die Entführung aus dem Serail einmal anders:
Wendy mit dabei im „Yildiz Serail"!

Eva Lind

Eva Lind debütierte mit nur 19 Jahren als „Königin der Nacht" in Mozarts „Zauberflöte" an der Wiener Staatsoper sowie als „Lucia di Lammermoor" in Basel und legte damit den Grundstein für ihre internationale Karriere, die sie an die großen Bühnen und Konzertsäle geführt hat:

Mailand (Teatro alla Scala), New York (Carnegie Hall), Paris (Théâtre des Champs-Elysées), London (Royal Albert Hall, Royal Festival Hall), Berlin (Deutsche Oper, Staatsoper unter den Linden, Philharmonie), München (Nationaltheater, Herkulessaal, Philharmonie am Gasteig, Cuvilliés-Theater), Stuttgart (Staatsoper, Liederhalle), Wien (Staatsoper, Volksoper, Musikverein, Konzerthaus), Zürich (Opernhaus, Tonhalle), Catania (Teatro Massimo Bellini), Sevilla (Teatro de la Maestranza), Madrid (Teatro de la Zarzuela), Tel Aviv (Mann Auditorium), Washington (National Gallery of Arts), Tokyo (Suntory Hall, Opera City), Shanghai (Opera House), Buenos Aires (Teatro Colón) u.v.a.

Auch bei den bedeutendsten Festivals (Arena di Verona, Salzburger Festspiele, Schleswig-Holstein-Musikfestival, Münchner Opernfestspiele, Glyndebourne Festival, Festwochen der Alten Musik in Innsbruck) feierte sie große Erfolge.

Ihr Opernrepertoire umfasst Rollen wie zum Beispiel Konstanze („Die Entführung aus dem Serail"), Gilda („Rigoletto"), Violetta („La Traviata"), Lucia („Lucia di Lammermoor"), Rosina („Il Barbiere di Siviglia"), Amina („La Sonnambula"), Juliette („Roméo et Juliette"), Ophélie („Hamlet"), Marie („La Fille du Régiment"), Sophie („Der Rosenkavalier") oder Rosalinde („Die Fledermaus").

Sie arbeitete mit Dirigenten wie Riccardo Muti, Claudio Abbado, Sir Georg Solti, Lord Yehudi Menuhin, Sir Neville Marriner, Wolfgang Sawallisch, Kurt Masur, Sir Colin Davis, Sir André Previn oder Seji Ozawa.

Eva Lind ist auch eine gefragte Konzertsängerin. Ihr Konzertrepertoire umfasst „Missa in c-Moll" von Mozart, „Missa Solemnis" und die „Neunte" von Beethoven, „Die Schöpfung" von Haydn, „Ein Deutsches Requiem" von Brahms, die 2. Symphonie (Lobgesang) von Mendelssohn, „Carmina Burana" von Orff, „Gloria" von Poulenc und vieles mehr.

Zu ihrem Liedrepertoire zählen Kompositionen von Mozart, Schubert, Brahms, Wolf, Strauss, Schumann, Mendelssohn, Bellini, Donizetti, Verdi, Mahler, Berg, Fauré, Debussy, Satie und Liszt.

Eva Lind hat zahlreiche Operngesamtaufnahmen auf CD eingesungen und diverse Solo-Recitals und DVDs veröffentlicht:

CDs:
Solorecitals:
„Frühlingsstimmen" Wiener Volksopernorchester, Franz Bauer-Theussl; Philips

„Coloratura Arias" Münchner Rundfunkorchester, Heinz Wallberg; Philips

„Ich bin verliebt" Accademia di Montegridolfo, Gustav Kuhn; BMG

„Lieder, die zu Herzen geh'n" Filmorchester Babelsberg, Erich Becht; Koch Universal

„Sentimento" Münchner Symphoniker, Hermann Weindorf; Koch Universal

„Wunder gescheh'n" Münchner Symphoniker, Hermann Weindorf; Koch Universal

„Ich will leben" Kölner Symphonisches Orchester, Erich Becht; Hänssler Classic

„Stille Nacht" Filmorchester Babelsberg, Erich Becht; Sony BMG

„Eva Lind – Ihre größten Erfolge aus Strasse der Lieder"; Koch Universal

Operngesamtaufnahmen:
Les Contes d'Hoffmann (Olympia) Staatskapelle Dresden, Jeffrey Tate; Philips

Der Freischütz (Ännchen) Staatskapelle Dresden, Sir Colin Davis; Philips

La Finta Semplice (Ninetta) Kammerorchester C.Ph.E.Bach, Peter Schreier; Philips

Ariadne auf Naxos (Najade) Gewandhausorchester Leipzig, Kurt Masur; Philips

Die Frau ohne Schatten (Hüter der Schwelle) Wiener Philharmoniker, Sir Georg Solti; DECCA

Die Zauberflöte (Papagena) Academy of St.Martin-in-the-Fields, Sir Neville Marriner; Philips

La Sonnambula (Amina) Orchestra of Eastern Netherlands, Gabriele Bellini; ARTS

Die Fledermaus (Adele) Münchner Rundfunkorchester, Placido Domingo; EMI

Hänsel und Gretel (Taumännchen) Bayer. RSO, Jeffrey Tate; EMI

Symphonische Werke/Oratorien:

Ein Sommernachtstraum / F.Mendelssohn-Bartholdi (Sopransolo) Wiener Philharmoniker, Sir André Previn; Philips

Missa est / Helmut Eder (Sopransolo) Radio Symphonie Orchester Wien, Leopold Hager; OEHMS Classics

Nelsonmesse / Joseph Haydn (Sopransolo) SWR Sinfonieorchester, Michael Gielen; GLOR Classics

La Cetra Appesa / Azio Corghi; Orchestra Sinfonica dell'Emiglia-Romagna, Will Humburg; Ricordi

L'Apocalypse selon Saint Jean / Jean Francaix (Sopransolo) Göttinger Symphonie Orchester, Christian Simonis; WERGO

Duette:

Operatic Duets (mit Francisco Araiza) Zürcher Opernorchester, Ralf Weikert ; Philips

Magic Moments (mit Tobey Wilson) Munich Philharmonic Strings and woodwind, Hermann Weindorf; 313 Music JWP

My romance (mit José Carreras) The London Musicians Orchestra, David Gimenez; Erato

Weitere CDs:

Die große Operettengala (mit Placido Domingo, José Carreras, Thomas Hampson) Budapester Philharmonie, Marcello Viotti; Sony BMG

„Mozart rennt" (Mozartarien mit dem Rennquintett); Bayer Records

Mozart Arias, Vocal Ensembles, Canons; Dresdner Philharmonie, Jörg-Peter Weigle; Philips

DVDs:

Die große Operettengala; Sony BMG

Eva Lind – Ihre größten Erfolge aus Strasse der Lieder; Koch Universal

Willi und Wendy sagen Danke für die Aufmerksamkeit und freuen sich – wie man sieht – unbändig auf eine Fortsetzung der schönsten Hundegeschichten!

Impressum

Eva Lind: Meine schönsten Hundegeschichten
Mitarbeit: Dr. Christof Mannschreck

www.eva-lind.com

Copyright by AQUENSIS Verlag Pressebüro Baden-Baden GmbH 2010
Printed in Germany

Titelfoto und die Fotos auf den Seiten 2, 4, 6, 98 und der Rückseite:
Christine Steimer, www.tierfotografie-steimer.de

Alle anderen Fotos: Privatarchiv Eva Lind

Gestaltung: Karin Lange, www.seeQgrafix.de

Druck: NINO Druck GmbH, Neustadt/Weinstr.

ISBN 978-3-937978-65-9

www.aquensis-verlag.de

www.baden-baden-shop.de